U0155028

未来畅想

未来的宇宙开发

直到银河尽头

郑军 著

山西出版传媒集团　　山西教育出版社

图书在版编目（ＣＩＰ）数据

未来的宇宙开发：直到银河尽头 / 郑军著. — 太原：山西教育出版社，2022.4
（"未来畅想"系列）
ISBN 978-7-5703-1895-7

Ⅰ．①未… Ⅱ．①郑… Ⅲ．①宇宙—普及读物 Ⅳ.①P159-49

中国版本图书馆 CIP 数据核字（2021）第 205217 号

未来的宇宙开发：直到银河尽头
WEILAI DE YUZHOU KAIFA ZHIDAO YINHE JINTOU

选题策划	彭琼梅
责任编辑	韩德平
复　　审	裴斐
终　　审	冉红平
装帧设计	康琳
印装监制	蔡洁

出版发行　山西出版传媒集团·山西教育出版社
　　　　　（太原市水西门街馒头巷 7 号　电话：0351-4729801　邮编：030002）

印　　装	山西新华印业有限公司
开　　本	700×1000　1/16
印　　张	11.75
字　　数	171 千字
版　　次	2022 年 4 月第 1 版　2022 年 4 月第 1 次印刷
印　　数	1—3 000 册
书　　号	ISBN 978-7-5703-1895-7
定　　价	34.00 元

如发现印装质量问题，影响阅读，请与山西教育出版社联系调换。电话：0351-4729718

·目 录·

引言

第一章　从沙粒到沙滩　　　　　　　／1

01　"未来"迟迟没有来　　　　／3

02　宇宙目标要明确　　　　　／5

03　能源造就文明等级　　　　／6

04　十万倍的水　　　　　　　／8

05　满天飞翔金属矿　　　　　／9

06　无限空间在眼前　　　　　／10

07　人人如天使　　　　　　　／12

08　这些都是新资源　　　　　／14

09　最好的实验室　　　　　　／15

10　文旅新目标　　　　　　　／17

第二章　危险家园 / 19

01	悬崖就在前方	/ 21
02	从天而降	/ 23
03	超级火山	/ 24
04	无形杀手	/ 26
05	地球的格式化	/ 27
06	逼近死亡周期	/ 29
07	资源天花板	/ 30
08	全系一盘棋	/ 32
09	给未来铺台阶	/ 33
10	先生产，后生活	/ 35

第三章　Made In Space！ / 37

01	能源为本	/ 39
02	超导显神威	/ 40
03	在宇宙中冶金	/ 42
04	小型制造技术	/ 43
05	机器人大舞台	/ 45
06	太空农场	/ 46
07	制药可能是第一步	/ 48
08	宇宙工程弹	/ 50
09	在轨发射与太空维修	/ 51
10	厂房在哪里？	/ 53

第四章 飞越卡门线 / 55

01 沉重的锁链 / 57

02 回到航天飞机 / 59

03 飞机发射平台 / 60

04 飞艇发射术 / 62

05 走向空天飞机 / 63

06 大炮也能发卫星 / 65

07 火箭依旧有潜力 / 66

08 更多的卫星，更少的垃圾 / 68

09 征服"距离的暴虐" / 69

10 特种飞船远在前方 / 71

第五章 "地卫二"计划 / 73

01 再对流星许个愿 / 75

02 这才是人造卫星 / 77

03 金属盛宴 / 78

04 天上的水库 / 80

05 天然空间 / 81

06 速度也是宝 / 83

07 怎样靠上去？ / 84

08 如何拖回来？ / 86

09 华丽的太空城 / 87

10 移民从此开始 / 88

第六章　开发地球伴侣　　　　/ 91

01　父子、母子还是伴侣?　　/ 93

02　月球发电站　　　　　　　/ 94

03　特殊能源　　　　　　　　/ 96

04　从月壤起步　　　　　　　/ 97

05　月下广寒宫　　　　　　　/ 98

06　太空医疗　　　　　　　　/ 100

07　交通枢纽站　　　　　　　/ 101

08　月球观测站　　　　　　　/ 102

09　"月痕"新资源　　　　　　/ 104

10　同时去水星　　　　　　　/ 105

第七章　最近的乐园　　　　　/ 107

01　头号目标非火星　　　　　/ 109

02　曾经热闹非凡　　　　　　/ 110

03　金星仍然有"天堂"　　　　/ 112

04　二氧化碳产业链　　　　　/ 113

05　第一战役　　　　　　　　/ 115

06　太空粮库　　　　　　　　/ 117

07　碳与氢　　　　　　　　　/ 118

08　欢迎飞行者　　　　　　　/ 120

09　奢侈生活　　　　　　　　/ 121

10　寻找阿登星　　　　　　　/ 122

第八章 从此升级换代 / 125

01 自给自足之地 / 127

02 更好的水库 / 128

03 特种能源 / 130

04 气体宝库 / 131

05 新资源 / 133

06 人类空间再升级 / 134

07 在土星重演故技 / 136

08 下一个中继站 / 137

09 火星的前哨站 / 139

10 天上的艺术家 / 140

第九章 再接再厉 / 143

01 夹击火星 / 145

02 重现大轰炸时代 / 146

03 进一步改造 / 148

04 真正的"氢弹" / 149

05 远征冰巨星 / 151

06 开发柯伊伯带 / 152

07 遥远的前哨站 / 154

08 最后的边疆 / 155

09 飞向银河尽头 / 157

第十章　从地球人到宇宙人　　/ 159

01　新新人类　　/ 161

02　地球印在身体上　　/ 162

03　宇宙工程学　　/ 164

04　欢乐满天涯　　/ 165

05　太阳系的旅行家　　/ 167

06　宇宙考古学　　/ 169

07　宇宙人的后花园　　/ 170

08　太空开发共同体　　/ 171

09　太空企业家　　/ 173

10　中国新使命　　/ 174

微信扫码领取【科普小贴士】

| 未来社会展 | 科幻作品馆 |
| 职业排行榜 | 笔记小论坛 |

引言

10岁前,我就开始读科幻小说。

20岁前,太空科幻是我购书的首选,我很可能买过市面上能买到的每一本太空小说。当时,人均居住面积才几平方米。在斗室里,只有这些书能让我神游天外,驾临八荒。

20岁到30岁之间,我开始用怀疑的眼光打量这些故事,它们既没什么科学依据,也算不上有想象力。读过五十本,我就能知道里面几乎所有的故事套路。

30岁到40岁之间,我开始自己创作科幻小说,并且把注意力转回地面。眼前的故事还有很多没有讲好,何必去说那么遥远的事?冲向太空,开发宇宙?那是讲给孩子们听的,充其量是让他们对科学产生兴趣。

古代神话已经过时,航天故事就是替代品,是人们编写的现代神话。等孩子们长大了,就会明白什么才是镜花水月。

40岁到50岁之间,越来越多的科学发现提醒我,人类不仅应该登上太空,而且应该开发太空,并最终在太空中站稳脚跟。甚至,人类有一百个理由必须进入太空，并且刻不容缓。

就这样摇来摆去，过了50岁，我决定写一本书，认真地、系统地讨论开发宇宙这项伟大事业。是的，前辈的理想并没有过时，人类终究要成为太空民族。虽然中间停顿了几十年，但是在历史长河当中，这不过是一道回水湾。

回顾过去，整个人类对开发宇宙的热情也曾经时起时伏。最初，人类并不知道"天高地厚"。他们认为日月星辰都在山顶上方，或者云层背后，反正并不遥远。如果配上羽毛粘成的翅膀、乘坐热气球、驱动巨型磁石，或者服食丹药，人就能飞升到那里。

随着近代科学的发展，人类开始知道宇宙的真实尺寸，也知道登天需要多么巨大的速度，宇航的热情开始冷下来。到19世纪末，苏联中学教师齐奥尔科夫斯基提出宇航新方案时，科学界的主流意见是把宇航当成伪科学。由此，老前辈不得不通过撰写科幻小说来宣传自己的理想。

还好，齐奥尔科夫斯基去世前，液体火箭发动机最早的样机已经点火成功。那一波宇航热持续到20世纪80年代初，催生出一个个奇迹，最远的航天器甚至冲出海王星的轨道。

不过，进入90年代后，随着美俄宇航项目的压缩，人类对太空的雄心再次收敛。如果穷根究底，我们会发现根源在于人类没能理清宇航事业的伟大意义。今天的科技水平远高于当年，投入科学的经费也今非昔比。但是，人类似乎更愿意在地球这一亩三分地上深耕细作。

"地球是人类的摇篮，但人类不可能永远被束缚在摇篮里"，让我们重温前辈的名言，它就是本书的起点，也是本书的宗旨！

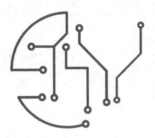

第一章　从沙粒到沙滩

　　航天新闻一出现，其他新闻就会让路。校园里的科普活动中，航天一向是重点，科技馆更是不可能没有航天展区。

　　然而，如果提问人类为什么要进入太空？却没几个人能回答出来。是的，讲清楚这件事并不那么容易，下面这章也只能给这个答案画出一个轮廓。

01   "未来"迟迟没有来

1968年，科幻电影《太空漫游2001》上映了。当时，苏联的"月球9号"已经在月面实现软着陆，美国的"阿波罗计划"更是紧锣密鼓，眼看着要走向成功。于是，这部电影干脆把载人宇航的目标定在木星，时间就是33年之后。

《太空漫游2001》改编自克拉克的科幻小说《岗哨》。克拉克曾在1947年写过一本科幻小说，名叫《太空序曲》，预言人类将于1978年到达月球，结果，事实比他的设想还提前了9年。

既然人类1961年才第一次上天，8年后就能着陆月球，按照这个速度，《太空漫游2001》的设想并不算太离奇。

在当时，宇航被称作"未来"科技，肩负着引领人类的重大使命，甚至成为流行风潮。在美国，学校教师讲宇航，电视剧讲宇航，甚至理发店都给妇女设计"太空发型"。

美国"奇点大学"创办人之一、高科技企业家迪亚曼迪斯回顾这段历史时说，小时候街头到处都是和宇航有关的宣传画，科学家在电视节目里告诉孩子们，30年后，普通人买张票就能飞入太空。

过了30年，迪亚曼迪斯发现这个梦想遥不可及，愤而开设"安萨里X大奖"，鼓励民营航天事业。然而，现实中，居然有22%的美国人怀疑载人登月是场骗局。因为如果不是的话，为什么以今天的能力，人类反而不能重返月球？

美国白宫网站有一个栏目，请公众投票，讨论哪个政府机构应该被裁撤，结果美国宇航局多年位列榜首！很多美国人觉得这是个白花钱、没效益的部门。为了保住预算，美国宇航局没少搞大众科普，但是一直都无济于事。

我是在2020年撰写本书的，此时，人类不光没去木星，连月球都没再光顾。"未来"为什么没有来？专家学者讨论过各种原因，我就不重复他们的话了。我觉得，这里面最大的问题，是科学界没向公众说清楚，为什么要把钱花在天上。毕竟，科学家没法掏自己的腰包去做这件大事。

以"小行星重定向任务"为例，这是奥巴马政府2010年启动的项目，该项目计划用无人飞船抓取一颗小行星，将其拖入月球轨道，再派宇航员登上去考察。从科学角度看，这是一次巨大飞跃，但为什么要搞这个项目？美国宇航局始终没向管钱袋子的议员们讲清楚。他们一会儿说这是为防御小行星撞击地球，一会儿说这是为登陆火星做准备，每个理由都很牵强。最后，这个项目于2017年下马。

最近，航天专家开始炒作宜居行星。在科教片里面，主持人连线国际空间站上的一名科学家，请他谈谈移民系外行星的前景，这位专家也很配合，从理论到数据都讲了一番。

我看这个节目时就在想，他们对这个话题是认真的吗？能登上空间站的人，难道不明白此举要花费多少成本？将目前全球发电量集中于一台激光器，才能勉强将一面光帆加速到光速的一半，这样十几年后才可以抵达比邻星。然而，这只能送去百十公斤（1公斤=1千克）的有效载荷，并且这面光帆无法减速，只能走马观花地拍一堆照片。

移民外星？这个目标高居于迪拜塔楼的800米之上，可人类到现在还没有爬到80米。

02 宇宙目标要明确

在航天领域，科学导向压倒工程导向，这是导致公众远离航天的重要内因。

什么叫科学导向？就是以求知为目标，以科研为手段，无论是花数十万经费，还是数十亿经费，获得新知识就是最大收获。然而，公众并不清楚那些新知识的价值，虽然它们可能在科学上真的很有价值。

什么是工程导向？就是以效果为主导，把工作目标设定为获得更多资源，扩展人类空间，解决具体问题，其手段就是推进各种生产项目。

圈外人并不清楚这两种导向的区别。搞航天，难道不就是想从宇宙中获取资源吗？其实，宇航科学家们把精力用于探索宇宙，而不是开发宇宙。比如，他们津津乐道于太阳系哪颗天体上有生命，但这与人类整体利益关系极小。太阳系其他天体上即使有生命，最多也只是微生物。研究它们可以满足科学兴趣，解开学术难题，对普通百姓又有什么用呢？

至于为什么要搞载人航天，而不是无人航天？这个大问题也没讲清楚。随着自动控制技术的发展，很多工作都可以实现无人操作。中国的玉兔号月球车，从38万公里（1公里=1千米）远的地面能遥控它的机械手，精度可以达到毫米级，把它送过去只花了两公里地铁的钱，送去十辆玉兔号，在月球上全面开花搞观测，成本都低于一名宇航员。

如果只搞无人航天，不用载上氧气、水和食物，也不用配备一套生命维持系统，更不用考虑船体是否会泄漏，航天器里面所有空间都塞满科学仪器，不是比搞载人航天经济得多吗？

近地空间是这样，深空探测更是这样。"旅行者一号"已经飞出冥王星轨道，其他在深空游弋的无人飞船也有十几艘，它们仍然能发回有价值的信息。如果只是要搞科研，将来可以发射体积更大、性能更好的无人飞船。

除了好莱坞科幻大片，似乎根本没必要搞载人航天，载人航天看上去很伟大，实际上会带来更大的危险。看完《火星救援》或者《回到火星》，你会觉得派一组无人飞船去考察火星，故事里面的危险都不会发生，而用无人探测器考察火星，几十年前就能办到。

即使不是为寻求知识，只是想发展太空商业，载人航天也没什么意义。抛开军事用途不说，如今天上已经有导航卫星、通信卫星、气象卫星、国土资源卫星。总之，一系列民用卫星在太空服务于我们。但是，地面上没有人接受过国际空间站上人类的服务。

总之，发展载人航天，无论在科研上，还是在经济上，都看不出什么前景。各国宇航局说不出理由，民间的航天粉更说不出，他们能提出的最大目标，就是发展太空旅游。然而，无论2000万美元的轨道飞行，还是20万美元的亚轨道飞行，都不像可以普及的项目。

要想让公众把热情再次转向航天事业，上面这些说辞可远远不够。无奈，谁都不可能以己昏昏，使人昭昭。搞宇航的人自己还没弄清为什么做这件事，何以说服大众？

03 能源造就文明等级

3.6亿年前，一群勇敢的鱼游上岸，发展成两栖类。

700万年前，一群勇敢的猿从树上跳下来，开始直立行走。

21万年前，一群追逐猎物的现代人走出非洲，散布到全世界。

1.2万年前，一群辛勤的部落民在小亚细亚种植粮食，文明从此有了开端。

300多年前，一群想冒险的商人在英国把机械装置引入劳动，从此有了我们周围的一切。

感谢这些先驱者造就了我们，然而以后呢？

几年前，我在太原一所小学里给孩子们讲本书的话题，有个学生提问，老师，人类什么时候可以达到第二级文明？

我当时很震惊，一个小学生都听说过"卡尔达舍夫文明等级理论"吗？于是我反问了一下，发现他真的是在说这个理论。

1964年，苏联天文学家卡尔达舍夫提出了一个理论，认为文明等级可以通过掌握不同能量水平来划分。卡尔达舍夫是想划分传说中的外星文明，所以他的思路一开始就在天上，他把第一等级定位在控制本行星所有能源，第二等级定位于控制本恒星系的全部能源，第三等级定位于跨星系开发能源。

这个理论不光定性，还有一堆数字化指标。根据计算，现在人类能源使用水平只达到0.73级，这并不意味着还差0.27级我们就能控制地球所有能源。等级中每相隔0.1级，就可能差10倍，这样的话，人类离一级文明还差数百倍呢！而如果一艘外星飞船到达地球，就表明他们已经超过二级文明，在向第三级文明进发了。

"卡尔达舍夫文明等级理论"立意过高，后来，能源学家把思路转向人间，认为能源水平决定着现实中不同文明的水平。比如，大刀长矛打不过机关枪，本质上是以人体生物能为基础的军队，打不过以化学能为基础的军队。

当今世界各国的贫富差距，仔细一算，人均能量利用是最真实的指标。比如，2019年中美人均GDP相差6.32倍。中美之间人均电力使用量的差距呢？恰恰是5.98倍！

在科学家眼里，要让人们富裕起来，人均能源使用量是个硬指标。而且和物价、汇率这些相比，可能是更硬的指标。当你坐在家里点外卖时，一定要知道这些商品是在其他地方花掉很多能源生产出来，又花掉很多能源送到你面前的。我出生于1969年，当年全国发电量只有现在的1/77！所以，根本无法支持今天这种生活方式。

然而，人类只待在地球上，就能达到一级文明吗？这也不可能。如今，人类每年能源消耗总量大约是工业革命前的700倍，地球已经不堪重负。如果再增加270倍，不，离这个目标还很远的时候，地球就会变成一口巨型高压锅。

所以，我们需要变通地理解卡尔达舍夫的思想，也就是说人类可以掌握相当于整个地球的能源输出，但不是在地面上达到这一点。地球所接受的太阳能，只占太阳输出的$1/22×10^8$。仅就能源而言，天上远远比地面富裕。

04　十万倍的水

不管男人女人，都是"水做的生命"。成年人体内水含量达到60%左右，婴幼儿达到70%。人体是这样，食物也是一样。肉类含水60%到80%，蔬菜含水80%到95%，水果含水80%到95%。很多人平时不爱喝水，但是吃饭就等于摄入水。

宇航员登上太空，要携带脱水食品。食用时，宇航员通常要对它们进行复水。因为如果携带普通食品上天，其实和携带水没有多大区别。如今，载人航天中的水都要用火箭推进剂送上去，贵比黄金。将来开展太空工业，太空中将有大量常住人口，太空居民点的食物必须靠自身的农场来培育，而不能都依靠地球供给。无论我们如何选择耐旱品种，那都将是一个耗水大户。

天上有没有水呢？其实，别被地球那蔚蓝色的外表所欺骗，水只是覆盖了地表薄薄的一层。如果把地球比喻成苹果，这一层大概相当于苹果皮那么厚。如果把含水量与整个天体质量相比，地球在太阳系里根本不算水的富户。

仅仅在地球周围，就有不少天体含水。以近地小行星为例，月球上已探明有大约6亿吨水，水星上初步估算有超过千亿吨水，它们都以冰的形式，保存在太阳永远直射不到的地方。此外，金星大气里有水蒸气，火星土壤里可能封冻着大量的水。

这仅仅是"宜居带"的情况，所谓宜居带，就是在恒星的照射下，可以存在液态水的地方。离太阳更远的空间称为"冻结带"，进入这个范围的天体上如果有水，就以冰的形式封存在那里。

太阳系的"冻结带"开始于火木之间的小行星带，在那里，仅一颗名叫谷神星的小行星，其含水量就相当于地球的含水量。其他杂七杂八的小行星，不少也都含有水。

再往远看，木卫二有个厚厚的冰壳，下面还可能有液体海洋，总水量相当于地球水量的两倍。木卫三同样有这两样东西，只是冰壳没有覆盖于整个表面，总水量可能多达地球水量的30倍。土卫六以大气和甲烷海洋著称，但仍然含有相当于地球10倍以上的水！

这仅仅是卫星和小行星，大行星就更不得了。木星大气里含有0.25%的水分子，听上去很小，但是木星大气何等雄厚，所以木星的总水量是地球水量的35倍。天王星的含水量更是高达地球水量的数万倍！

再往远去，柯伊伯带与奥尔特云储存着无数的彗星，冰是它们的主要成分。

地球并非水的富户，只不过这里有液态水，能够形成生命。太阳系绝大部分水都以冰的形式存在，无法产生生命，更谈不上智慧生命，它们就成为人类的水库，在遥远的天际等待着我们。

冰在零度融化成水，这条物理规律放之宇宙而皆准，采冰化水的能耗也远低于采矿冶炼。一旦人类进入太空，不会缺乏水的补给站。

05 满天飞翔金属矿

凡尔纳曾在晚年创作出科幻名篇《流星追逐记》，书中写到，某日天文学家发现一颗小行星，经光谱分析测定竟然是由纯金构成，总重186.7万吨！科学怪人泽费兰·西达尔发明出引力波装置，悄悄地、慢慢地吸引它飞向地球，结果导致黄金大贬值！

100年后，这个预言的一半正在成为现实。科学家估计，一颗命名为"2011UW-158"的小行星上有1亿吨铂族金属，而且它距离地球只有240万公里，从宇宙尺度来看相当于擦肩而过的距离。至于这个预言的另一半，铂价会暴跌，将来也会变成现实，但也并非什么坏事。除了含铂的小行星，太阳系里还漂流着其他富含多种金属矿的小行星。

几十亿年前，太阳系中形成了一些熔岩行星，这些行星上的金属因为比重大，在熔岩大海里朝内核沉降。所以，地球上哪里金属最多？不是地表的矿山，而是地核，那是一个比月球还大的金属球。

等熔岩天体冷凝后，还会经常互相碰撞。体积相似的两个"星子"撞击后会粉身碎骨，内核直接变成金属块飞散出去。比如，水星在原始状态时就遭遇过大碰撞，大部分外壳剥离脱落。结果，金属内核体积相当于整个天体的85%，甚至接近地球内核。如果没发生这次撞击，水星可能有金星那么大。

水星这些金属仍然覆盖在岩石外壳下面，无法利用。位于小行星带的灵神星则是一颗裸露的金属内核，灵神星直径241公里，差不多有北京到承德那么远。这个体积在天体世界里毫不起眼，但它上面除了一点点岩石，剩下的全是金属。想象一下从北京开车去承德，道路由金属构成，周围遍布金属山脉，你就知道这有多么震撼了。

不过，这些满天飞翔的金属矿对地球人类有什么意义呢？从科学角度来讲，泽费兰·西达尔的引力波大炮无法制造出来，人类只能通过飞船的返回舱携带一点点宇宙物质，包括几百公斤月球标本，还有几克彗星标本，几克小行星标本。即使把这个运输量提高几百倍，也远不如在地面上冶金更实际。

太空金属的价值，在于替代宇宙开发中地球金属的使用量。如今人类发射的所有航天器，除了研制中的"毕格罗变形舱"，都由金属材料制造。未来的太空工厂和太空城市，恐怕仍然要以金属材料为主，那可得使用成千上万吨。直接使用太空金属，逐渐替代地面输送的金属，才是未来太空开发的路线图。

虽然人类每年能够冶炼十几亿吨金属，但是大地本身并非金属富集区。太空金属总量远多于地面，直接熔炼太空中这些游离态金属，其过程也比从矿石中冶金更容易。当然，前提是要能把设备送到那里。

06　无限空间在眼前

今天，肯尼亚的气温是多少摄氏度？

埃塞俄比亚最近有没有发生蝗灾？

没几个中国读者能回答上述问题，大家并不关注这些地方。但是在7万年前，全人类总数只有区区几万，而90%的人都居住在这个地方。当地稍有风吹草动，都是关乎人类是否灭种的大事。

一旦有条件，人类就想办法努力从较小的空间进入较大的空间，争取更多的发展机会。整个宇宙，或者先退一步，只谈太阳系，与地球相比都大得无可比拟，是沙粒与沙滩的关系。

1977年9月5日，"旅行者一号"发射升空，当它飞到60亿公里以外时，控制中心发出一道指令，要它转过身来，给太阳系拍一张全家福。

照片洗出来后，一名工作人员发现上面沾了灰尘，就用手去擦拭，结果没擦掉，他才意识到那是一个天体的影像。辨认方位后他们发现，这个天体正是地球！现在我们看到这张照片，地球会被特别标识出来。否则，我们根本无法从一片星海中认出它来。

如今，中国人均住房面积约40平方米。我国公共空间建设得也不错，大家走出屋门，还可以到商场、公园、电影院这些地方走走。纵观世界，中国人拥有的活动空间已经算是中上等水平。世界上还有不少国家，人均只有不到10平方米的建筑空间。追根究底，原因在于人类还只能生活在地球上，并且人类的活动空间只是占据地表上薄薄的一层。

有的读者会质疑，客观存在的宇宙空间和人类能使用的建筑空间并非一码事。宇宙再大，难道我们要生活在真空中吗？

是的，以人类现在的技术，宇宙中的实用空间还非常小。国际空间站是人类在太空中搭建的最大空间，它有多大呢？目前成长到916立方米。城市里面一个三居室，通常就有100平方米，如果我们按3米净高来算，国际空间站只相当于三套三居室房间。

这可是由16个国家参与，花了1600亿美元，进行了26年的项目，用同样多的时间和金钱，万达广场已经到处开花。然而回想一下，人类最早从洞穴中走出来建造房屋，也不过是搭了一些小窝棚。陕西半坡遗址上最大的房子，内部面积是160平方米。现在，全球最大的单体建筑成都新世纪环球中心，总建筑面积约176万平方米。

人类花费6000多年，把地面建筑体量扩大了1万多倍。以现在的科学技术发展速度来看，在太空中扩建人类空间，应该花不了这么长时间。获得更大的空间，也是非常可行的宇宙目标！

不过一提到移民太空，普通人首先想到的就是移民外星。阿西莫夫曾经把科幻中的外星移民热称为"行星沙文主义"，意思是说，为什么非得找一个与地球一样的天体去移民？有足够的技术做支持，太空中哪里不能生活？

移民外星，不过是小农经济时代的梦想。当年欧洲移民带着粮食和牲畜来到美洲，找到类似的环境，马上开枝散叶。现在，脑海中并没有宇宙真实图景的人们就把这段历史投射到太空。然而，离地球最近的宜居星球大约在几光年外。从地球到那里，就像几只细菌从黄海边上的一粒沙出发，去往南海边上的另一粒沙。

必须站在土地上，心里才踏实，这是典型的传统思维。生活在几公里直径的太空城里面，只要有人工重力，你的感觉同样很坚固。同时，你还可以拥有几倍于地面的空间。

至于太空城市在哪里建？怎么建？这些具体环节后面要讲。重点是要把"移民太空"和"移民外星"分清楚，前者是真实的技术目标，后者只存在于劣等科幻作品里。

07 人人如天使

有名女宇航员在国际空间站留驻了很长时间后返回地球，她告诉记者，再拿起手机，感觉有砖头那么重。

是的，生活在重力世界，我们对重力的存在习以为常。比如，人类立定跳高纪录是1.75米（由于其中包含屈膝动作，不一定准确反应弹跳力），而在月球上，普通人都能跳到这种高度。当年那些宇航员之所以没跳到，只是因为穿着笨重的宇航服。如果换到无重力环境下，我们每个人都能做没有翅膀的天使。

假设把100多米长的国际空间站搬到地面竖起来，以它那种形状是立不住的。然而，假设将地表最高建筑迪拜塔放进地球轨道，再延长几倍都没有问题，无重力环境就是这么可爱。设计中的太空城完全就是超大型建筑，可以延展到几十公里那么长。如果把它放在地面上，即使不垮塌，也会深深陷入地面。

在工程师眼里，太空环境并非那么严酷，反而拥有发展工业的不少非物质资源，例如无摩擦、低重力的空间环境就非常重要。

一架飞机绕地球一圈要消耗许多吨推进剂，因为发动机一旦停机，空气阻力和地球引力便会联合把它拉下来。但是卫星入轨后，绕地球一圈却连一节电池的能量都不用，因为它完全凭借惯性，只是需要一定时间后变轨调整。

无人飞船"旅行者一号"发射时使用大力神火箭，推进剂有500多吨。换算成汽油的话，可供家用汽车行驶几百万公里。然而，"旅行者一号"已经飞出211亿公里！

如果只在月球轨道之内飞行，航天比航空和地面运输昂贵得多。但如果在行星际间飞行，航天推进剂与里程相比，可以小到忽略不计。未来的宇宙开发，大量运输要在行星之间完成。

在地球上将矿石采出来，运到冶炼厂，再把成品运到使用者手里，这个过程要消耗巨大能量。一是要把物体举起来，这是在克服重力。二是要把物体运到远处，这是在克服摩擦力，而摩擦力的来源也是重力。

而在太空中，一个人徒手移动物体的纪录是750公斤，所以一个人携带喷气背包，就可以推着几吨物体到达指定位置，这个物体可以是一大块矿石、一台大型设备，也可以是太空城的某个预制件。

人类要花巨大代价才能摆脱重力的控制，然而一旦进入太空，我们就能够变成自由飞翔的小天使。

零重力会让很多工艺变得容易，比如在零重力环境下冶金，不用任何容器，原料可以直接飘浮在空中，通过微波或者电磁方式加热。如果用肉眼去看，这些飘浮着的原料会慢慢发亮、熔化，看不到烟火。

零重力环境下液体呈完美的球形，所以，在太空生产的轴承远比在地球生产的圆。同样由于无重力，溶剂不会发生沉淀现象，一些生物药剂的生产效率会在比地球上生产高几倍。

总之，在地面上难以生产甚至不能生产的许多产品，在太空中生产却易如反掌。

08 这些都是新资源

和低重力一样，太空中除了有形资源，还有很多无形资源。比如，太空本身就是个硕大无朋的超净空间。

地球上很多工业需要设置超净空间，比如精密机械工业、电子工业、高纯度化学工业、原子能工业、光磁产品工业等。为了布置和维持超净空间，要花很多精力和能源。工人进出车间都需要穿特制衣服，需要喷淋。

然而，宇宙空间比人类最好的超净车间都要"干净"。用材料直接围出一个工作间，只要不输入气体，它就是超净空间。

高真空带来高洁净。太空中偶尔也有水形虫或者个别细菌能够存活，但其存活的难度远远高于地球。所以，太空也是个防疫的优良环境。只要人类进入航天器时进行过检疫，不把有害的细菌和病毒带上去，人类就会进入一个高度卫生的环境。

未来人类会有很多太空定居点，彼此之间会被超真空的太空环境分离，人员进出定居点都要进行检疫，这就从根本上杜绝了传染病的产生。

要知道，传染病虽然自古就有，但是，大规模的瘟疫在历史上是由于人类定居才出现的。除了面对面传染，定居的人类更会通过流动的空气和水互相传染，而在太空时代到来之后，瘟疫将再次告别史册。

除了超真空，太空还是个巨大无比的天然冷源。

18世纪末，美国刚刚成立，人口稀少，也没什么工业，卖冰块成为人们换取硬通货的重要手段。是的，就是天然大冰块。冬天时，他们从北方冰面上切割下厚厚的冰块，铺上木屑来保温，再把冰块装上船只，绕过大洋，卖到其他国家，甚至穿越半个地球，把冰块卖到广州！

在人类使用制冷机之前，一直用天然冰块和深井水来制冷，它们都属于天然冷源，这当然很环保，但是也有明显的缺点，就是不能随时随地制冷，必须远距离移动，而冰块和深井水制冷能力也非常有限。

当然，现在我们都用制冷机，同时也消耗了巨大的能源。在夏天，空调耗电通常达到城市耗电的1/3，像冷链运输、精密工业等生产部门，更是要把制冷降温放到重要位置。

太空则不同，由于没有气体来传导热量，只要有效地遮挡阳光，哪里都能获得超低温。甚至，当宇航员在太空中作业时，背光的一面就能降到零下100多摄氏度。所以宇航员要经常在太空中转身，以避免身体一边过热，一边过冷。

一座未来的太空工厂，只要用巨幕遮挡阳光，背光的部位就能获得超低温。这块巨幕也不用特别去设计，让太阳能电池板充当就可以。这样还能一板二用，既发电，又制冷。

09 最好的实验室

在瑞士和法国交界的侏罗山地下100米处，有一条长约27公里的巨环，它就是欧洲大型强子对撞机，也是目前全球功率最大的粒子加速器。通过这道巨环，两个质子能以超高能量加速对撞。

目前，中国正在筹建功率2倍于此的对撞机，美国也在筹建周长超过100公里的巨型对撞机。欧洲人还准备建造下一代对撞机，功率将是现在这台的10倍！

然而在太空中，随处可遇高能粒子，它们所包含的能量，远远超过这些机器提供给粒子的能量，最多的达到上千倍！

地球是方圆几光年里最为特殊的环境，特殊到能培育出人类这样高级的生命，但也正因为地球环境太过特殊，很多在宇宙中常见的自然规律，在地表反而不容易观察到。宇宙中的物质主要以等离子体方式存在，比例最高的元素是氢。这些都和我们在地面看到的大相径庭。

科学家要获得超冷、超热、超真空等实验环境，必须建造庞大的设施，消耗大量的能源。位于北京海淀区的航天城，是全球第三大航天中心，它的第一项工程就是航天环境地面模拟技术实验室，那是一座很高的塔楼，用来模拟超真空和无重力的宇宙环境。

日本航天科学家最早进行太空冶炼实验时，是把装置放到飞机上，在高空关闭发动机，通过自由下落，才获得30秒的失重状态。

而在地球周围，就是零重力、高辐射、无云层的宇宙空间，对于科学家来说，它们都是远比地球优越的实验环境，所以，太空实验往往优于地面实验。

不过，为了追求这样的实验环境，也要花不少钱。2016年，中国发射了"实践十号"微重力实验卫星，专门做一系列需要微重力环境的科学实验，总共花费数亿元成本，只在太空中停留了12天，可见在太空中，寻常的东西反而很珍贵。

把仪器长久地留在天上，是人类追求的目标。中国的"天极"望远镜就是一例，它是一台高灵敏γ射线探测器。地球上厚厚的大气层和强大的磁场，将γ射线屏蔽在外面，最好的观测点就在太空。

著名的太空育种项目，就是把植物种子搭载到航天器上，使其接受高能宇宙射线的照射，诱发变异，返回地面后再把其中有用的变异保存下来。中国已经培育出几百个太空品种，成为全球太空育种的头号大国。

在未来的中国空间站里，将会有一台名叫"巡天号"的太空望远镜，视场角比著名的哈勃望远镜大300倍，其一天多的观测量能达到后者一年的观测量。

这些还只是地面科研项目的升级，至于天体研究这类课题，到天体上实地考察，永远比待在地面上雾里看花要强。这也是已经有那么多望远镜，科学家还是要发射无人飞船去一探究竟的原因。

10 **文旅新目标**

宇航事业是由一群"理工男"奠基的，他们更关注实实在在的科研和资源价值，鲜少关注文化与情感价值。由这群人描绘的太空事业总是板着冷冰冰的面孔，这也是它们为社会上很多人排斥的一个重要原因。

其实，宇宙本身就包含着广泛的文化旅游资源。它不仅是科研目标，也是文艺创作的目标。

1944年，一位名叫邦艾斯泰的美国画家绘制出"土星世界"组画，开创了太空美术这个全新艺术领域。邦艾斯泰曾经是建筑设计师和电影从业者，他在天文学家指导下，依据当时的天文知识，通过幻想的人类视角来绘制太空奇景，这些画作不仅细节逼真，而且气势磅礴，具有独特的美学价值。邦艾斯泰的绘画发表于各种杂志封面或者电视节目当中，激发起一代美国青年探索太空的热情。

1984年，中国科普专家李元举办了邦艾斯泰画展，将太空美术引入中国，李元和他的弟子喻京川等人开创了中国的太空美术事业。《中国大百科全书》中有不少天文学词条，以喻京川的太空画而不是天文照片做配图。

太空中的另一个文化资源是小行星命名。目前，小行星除了编号，还可以申请命名，用于纪念人物、地方或者事件。在国际天义学联合会审批下，共有1万多颗小行星获得了命名。中国香港与国际接触较早，邵逸夫、曾宪梓、田家炳等企业家很早就获得了小行星命名。前述太空美术家邦艾斯泰和李元也都获得了小行星命名。中国还有纪念科学家的张衡星、纪念奥运的2008奥运星等。

可惜，小行星命名这种文化资源尚未得到深度开发，没人看到过"神舟星"或者"屠呦呦星"长什么样。其实，天文学界既然观测到它们，就拥有它们的基本数据，甚至天文照片。只不过，没有经过艺术加工的天文照片并不好看。

所以我们可以邀请太空美术专家与天文学家配合，专门绘制某颗获得命名的小行星。比如，可以想象某个活着的人物站在以他命名的小行星上，或者想象在某颗小行星上遥望地球会是什么样。

这些艺术形象可以制作成画册、数码照片或者纪念品，产生文化价值。这样一来，小行星从命名到形象制作，就形成了一条产业链。现在人类已经发现了超过127万颗小行星，并且还在以每年十几万颗的速度累积，命名资源远远不会枯竭。

2001年4月28日，美国人蒂托搭乘俄国飞船进入国际空间站，进行了为期8天的旅游，成为第一名太空游客。国际空间站在建设初期非常依赖俄国航天器，蒂托这张太空游票是从俄国宇航局那里获得的。后来这种做法受到批评，就没有再继续。

接下来以维珍公司为首，国际上出现一批从事亚轨道旅游的企业。人们花费几十万人民币，就可以乘坐亚轨道飞机越过卡门线，或者乘坐氢气球到达3万米高空。甚至更简单一些，乘坐运输机飞上去，在自由落体运动中获得几分钟的失重体验。

不要觉得太空旅游没有技术含量，美国旅馆商人毕格罗计划用柔性结构打造太空旅馆，突破了以往航天器只采用刚性结构的传统，这种充气空间站很有可能极大地扩展航天员的活动空间。

从现在开始，太空事业的宏图里就不能缺少文旅成分。

微信扫码领取【科普小贴士】

| 未来社会展 | 科幻作品馆 |
| 职业排行榜 | 笔记小论坛 |

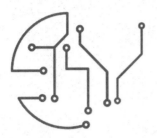

第二章　危险家园

地球是人类的母亲。从空气到水，从能源到材料，人类文明的一切资源都来自地球。然而，人类遭受的所有灾难也都来自这位喜怒无常的母亲。永远困在地面，那些灭顶之灾早晚会降临在我们头上。

这不是科幻，这是必来的未来，它在前面等着人类，除非我们提前离开地球，在宇宙中生活。

01　悬崖就在前方

要想让一个人进步，需要有远大目标产生拉力，吸引他迈向更好的环境，也需要有危机产生推力，促使他离开当前的环境。

无论一个人还是一群人，或者整个人类，大体都是如此。既无压力也无动力，大家就会原地踏步。只有推力或者只有拉力，只能够驱使一些人行动起来。但如果既有推力又有拉力，就会让人们产生迫切感，想拼命离开原地，朝着远大目标前进。

所以，我在前一章讲了吸引人类远征宇宙的拉力，下面就讲讲促使人类离开地球的推力。

1951年，物理学家费米和朋友闲聊，话题是宇宙中能有多少天体产生智慧生命。以他们的知识来推论，结果非常乐观，然而费米却随口说了一句话："可他们都在哪里呢？"

这句看似平常的话，是一个"细思极恐"的命题，后来就被称为费米悖论。

仅仅100多年，人类最快的交通工具就从马车变成飞船。宇宙那么大，可能存在外星人的世界那么多，很容易造就出比人类先进几千年的外星人。所以，光子飞船应该天天在我们头顶上盘旋才对。

即使没看到外星人的飞船，收到他们的无线电波总要简单得多吧？我们人类早在100年前，就开始朝宇宙空间发射无线电波。

　　然而，无论是费米发出这句感慨的 1951 年，还是我写下本书的 2020 年，这些事都没发生。不管理论上能存在多少种外星人，事实上地球人仍然孤独地生存着。

　　围绕费米悖论，人们展开很多猜想。有人说，别看从马车发展到飞船很容易，从星系内飞船发展到恒星际飞船，技术难度就大得多，毕竟要接近光速才行嘛。所以，外星人即使比我们先进几百上千年，也不足以让他们有足够的技术光临地球。

　　也有人说，外星人其实早就来了，一直潜伏在地球上研究我们。因为他们技术水平太高，所以人类根本发现不了。

　　这两种说法听上去都不那么可怕，即便最后证明为事实，人类也感受不到威胁。另外一种推测就很恐怖了，这种推测认为，仅银河系里面，适合发展出生命的行星就有 100 万个。但是，绝大多数生命都在进化过程早期被星球级别的灾难毁灭掉了，根本没进化到智慧生命，更谈不上无线电和宇宙飞船。

　　一场地震，一次洪灾，只会影响某个星球表面很小一片地方。只有席卷全球的灾难，才会让智慧生命断子绝孙。其实，这种星球级别的灾难在地球上发生过很多次，生命最终能挺过这些灾难，诞生出人类，是侥幸中的侥幸。

　　克拉克在科幻小说《星》当中，描写一支人类考察队跨越几千光年，找到一颗类地行星，其表面到处都有智慧生命的遗迹，但是无人幸存，它的母星已经在几千年前化为超新星，爆发时毁灭了这颗行星上的一切生命，而在科幻电影《流浪地球》当中，人类努力避免的也正是这种命运。

　　虽然人类已经走过几十万年崎岖的小路，目前也看似顺风顺水，但是，文明的断崖随时会出现在前方。要知道，文明的基础是能源，以人类今天掌握的能源水平，可以抵挡局部灾难，如果遇到下面这些天文级别的灾难，别说一个国家，全人类加起来可能都无法抵挡。

02 从天而降

恐龙毁于一次小行星撞击，这对于大家来说都是常识了。然而，3500万年前还有一颗稍小的天体撞击过地球，这就很少有人知道了，因为它并没有导致哪种生物彻底灭绝。不过，这次撞击的碎片覆盖了1000万平方公里地表，如果发生在今天，能够抹掉十几个国家。

1.29万年前，全球天气已经变暖很久，人类正向两极进军。地球温度突然在10年内下降7到8摄氏度，冰川迅速扩张，散居在高纬度地区的人类大量死亡，灾难时间长达1000年。据分析，只有天体撞击才能形成这种效果，只是到现在还没找到此次撞击形成的陨石坑。

这种级别的天体袭击，未来1000年内可能都不会发生。然而，达到通古斯爆炸级别的天体撞击，发生频率则要大得多。1908年6月30日，发生在俄国通古斯地区的这场爆炸，据推测产生于一块直径90米到200米的陨冰，这块陨冰在大气层内解体，释放出2000万吨TNT当量的能量，如果坠落点偏出5000公里，这个能量足够抹去莫斯科。

陨石命中人类定居点，古籍中似有记载。《圣经》中记载的"索多玛和蛾摩拉城"，便有可能毁灭于陨石撞击。原文是这样写的："耶和华将硫磺与火从天上降于索多玛与蛾摩拉，把那些城和全平原，并城里所有的居民，连地上生长的都毁灭了。一时平原全地烟气上腾，如同烧窑一般。"这很像大型陨石坠地时发生的场面。

公元1626年5月30日发生在北京王恭厂的离奇爆炸，死伤万人。清初《明季北略》一书记载如下："天启丙寅五月初六日巳时，天色皎洁，忽有声如吼，从东北方渐至京城西南角。灰气涌起，屋宇震荡，须臾大震一声，天崩地塌，昏黑如夜，万室平沉。"

这段描写也很像陨石坠落，这种灾难非常罕见，普通人终生见不到一次，看到了也无法说清它究竟是什么，只好用描写的方式来记录。

如果说这些都只是文字的话，印度摩亨佐·达罗的"死丘"则完全是真实的考古遗迹。4000年前，摩亨佐·达罗发生过强烈爆炸，冲击波扩散到1公里远，摧毁了所有建筑物，人员当场死亡。那里没有火山，能在远古引发如此爆炸的物体只有陨石。

2008年，一颗小行星在苏丹北部上空爆炸，释放当量为2000吨TNT，达到小型核武器水平。2013年坠落在俄罗斯车里雅宾斯克的那块陨石，如果直接命中大城市核心区，也会造成相当伤亡，虽然它的直径可能只有1米多。

人们极少目击陨石灾难。全球核试验监控网每年都会记载到核爆级别的陨石撞击事件，只不过它们大部分击中海面。另外，约有1/4的陆地表面无人居住，陨石撞击在这些地方也不会造成灾害。如果陨石撞击发生在夜间，目击的人也很少。只是由于监控镜头逐渐普遍化，这些年才陆续记载下一些陨击画面。

如今，人类已经建起近地空间预警系统，能够监测附近的小行星，但如果真有大型陨石撞击威胁发生，人类并没有现成的技术去躲避它，只能发出警报，然后听天由命。

要解决天文级别的撞击，就需要天文级别的武器，我们不大可能在地面上把它们造出来。

03　超级火山

金星是地球的姐妹星，曾经也是生命宜居之地。有人认为，直到7亿年前，金星表面环境仍然类似地球，温度不超过50摄氏度。

金星怎么变成现在这副地狱般的面貌？有一种推测认为，7亿年前那里爆发了超级火山，并且持续数百万年。海水变成蒸气，而水蒸气是温室气体，进一步提高了金星表面的温度，直至温室效应无法停止，恶性循环。

地球上有可能发生这种事吗？当然有，并且早就发生过。

2.5亿年前，在西伯利亚地区爆发了超级火山运动。需要注意的是，当年西伯利亚并不在今天这个位置。这次喷发整整持续了100万年，数百万立方公里的物质涌出地面，形成一片700万平方公里的"地盾"，如今还残留着100万平方公里。

这么持久的火山喷发，生命肯定无法承受。这次火山喷发总共杀死了90%的生物，史称二叠纪大灭绝。如果这次喷发再持续几十万年，恐怕就会让地球上所有的生物都灭绝。

2.5亿年前的事与我们无关，不过，7.35万年前的事却差点毁灭了人类。当时，位于印尼苏门答腊岛的多巴火山开始喷发，令地球表面气温下降了1800年。食物链断裂，杀死了大约60%的生命。当时，人类已经散布到许多地方，绝大部分死于这场灾难，仅东非老家残存着一些人类，那里还剩多少人？推测最多2万人，最少才几千人。

我们这些懵懂无知的祖先，估计并不知道世界发生了大灾变，只知道在他们重新走向地球其他地方的时候，没遇到什么同类阻碍，这在古人类学上叫作"大替代假说"。在超级火山中残存的这几千到2万人的后代，有幸替代了其他人类，最终成为70亿当代人的祖先。

多巴火山爆发后，火山口形成一片湖。多巴火山的间隙期大概是30万年，在新的能量积累到位之前，我们不用担心它二次喷发。不过，对于美国的黄石火山，距离危险可就短暂得多。

黄石火山是不亚于多巴火山的超级火山，它的间隙期是60万年，最后一次喷发正好在63万年前，如今随时可能爆发。

想当年，人类还没有走到美洲，无人目击那次喷发。不过，它的下一次喷发经常出现在科幻片当中，比如《2012》《超级火山》等。在科学家的推演中，黄石火山如果爆发，火山灰将覆盖美国1/3的国土，而剩下的地区肯定也不宜人居。火山灰常年飘浮在大气中，导致农作物绝收，人类普遍陷于饥饿。饭都吃不饱，更谈不上经济发展和社会发展。

以人类今天的技术，当不至于因此灭绝。但是死亡90%的人口，生产水平倒退到中世纪，恐怕是可能发生的。由于黄石火山如此危险，美国在当地一直设有监测站。问题是监测容易，一旦爆发，却没有什么手段来阻止。

地球有可能是人类文明的终极杀手，这听上去很古怪，但却是事实。人类需要地球吗？当然！地球需要人类吗？从来都不！地表有没有人类，甚至有没有生命，地球都还是地球，这才是人与地球的真实关系。

04 无形杀手

当恒星老化以后，如果内部能量抵御不住重力，就会猛烈地爆发。根据释放能量的多少，这种爆发分为新星爆发和超新星爆发。几十亿年后，太阳会在一场新星爆发中死亡，而质量超过太阳8倍以上的恒星，在晚年会有一场超新星爆发作为葬礼。

无论哪一种，都并不必然是件坏事。爆发所形成的星云，是下一代恒星的胚胎。地球便和太阳一起，诞生于前代恒星爆发后留下的星云中。

恒星以氢为主，一旦爆发，强烈的射线将许多轻核聚集成重原子核，才有了我们身边的万事万物。不管是你使用的玻璃、金属和砖石，还是组成你身体的碳、氧、氮和微量元素，它们都是新星爆发的遗物。

然而，如果在生命进化进程中，地球附近宇宙空间来一场超新星爆发，那可就是大灾难。这个"附近"应该有多近呢？大约是50光年到100光年。在这个距离之内出现爆发，强辐射会吹走高层大气，蒸发水体，焚烧植物，令地球变成地狱。剩下的生命体由于遭受强辐射，DNA链条被大量击断，最终不是死亡，就是发生变异。

不过，即使超新星爆发的强烈辐射冲击到地球，也不会留下地质变化，所以在地质学家眼里，超新星爆发就像无形杀手，它什么时候袭击过地球，需要通过同位素等手段才能辨认出来。

如今，在地球附近的安全距离内，并没有可能爆发的衰老恒星。两颗离我们最近的死亡边缘恒星，一颗叫作参宿四，是红超巨星，已经在朝外喷射气壳，未来任何一个瞬间都有可能大爆发。另一颗叫作海山二，是蓝超巨星，它自从被人类观察到以后，亮度经常变化，人们推测它已经到了爆发的边缘。不过，前者距离地球700光年，后者距离地球7000光年。即使爆发，人类也可以安全地看戏。

虽然太阳系附近目前没有这种定时炸弹，但是太阳系围绕着银河系在运动，位置并不固定，说不定什么时候，就会运转到一颗濒死恒星旁边。4.4亿年前，很有可能是一颗超新星导致了"奥陶纪大灭绝"，当时有85%的物种遭遇毁灭。

由于辐射以光速到达地球，所以如果将来有此灾难，当人类看到超新星爆发时，早已经无计可施。超新星爆发类似于小天体撞击，灾难瞬间达到最高值，然后慢慢衰减，这个惨烈的过程，可以在刘慈欣科幻小说《超新星纪元》里读到。

大约250万年—800万年前，一颗较小的超新星在距离地球200光年左右的空间爆发，这已经到了安全距离之外，所以它并未直接杀死地球生命，但它导致臭氧层浓度大大下降，数百年后才恢复正常。

臭氧层减弱，太阳紫外线就会长驱直入，破坏生命体的DNA链条，其后果就是有大量生物因变异而死亡。那次事件发生后，大约有57%的哺乳动物加速灭绝。幸运的是，其中不包括我们那些已经来到地面的祖先。

05　地球的格式化

有家影视公司聘请我做顾问，给他们的科幻网剧寻找科学基础，在这部剧里，人类由于某种灾难，只剩下3000万。他们出的题目是，什么灾难才能导致这种后果？并且，不要用小行星撞地球，或者超新星爆发来说事，那些素材都不新鲜了。

于是我建议他们，可以把灾难设定为γ射线大爆发。

如果说超新星爆发人类还能够硬撑过去，γ射线暴甚至会将地球重新"格式化"。γ射线是波长最短的电磁波，穿透力也最强，钢铁和水泥都难以阻挡。如果你看过美剧《切尔诺贝利》，就会发现那些一线消防人员就是死于这种看不见的射线。

宇宙中存在中子星或者黑洞这样的超致密天体，当它们两两相撞时，便会发生γ射线暴，这种爆炸超过超新星上百倍。1997年监测到的一次γ射线暴，50秒内便释放出银河系200年的总辐射能量。除了宇宙大爆炸本身，γ射线暴是最强烈的爆炸。

超新星爆发时，能量呈球形朝四面八方散发。γ射线暴发生时，射线流只从天体两极出发。由于超致密天体本身就很小，直径可能只有数百到1000多公里。所以，这种能量高度集中的射线流会像探照灯一样扫过宇宙。

在直径930亿光年的宇宙中，到处都在发生这种撞击。1967年，美国卫星第一次在太空监测到γ射线暴，从那以后，人类经常监测到γ射线暴。不过，它们都发生在几十亿到上百亿光年外，不会影响我们的生活。然而据估计，每隔500万年，就会发生一次近距离的足以杀死大量生命的γ射线暴。

γ射线暴短至零点几秒，长则数小时。一旦发生，γ射线便以光速前进，所以人类肉眼看不到γ射线，也对这种灾难无法预警。γ射线暴发生时，空气中的氧和氮大量化合，形成二氧化氮，天空会突然变成棕褐色，在地表和浅海里，所有生命的DNA都被打断，细胞不再正常运转，我们身体内的器官会在十几个小时内因衰竭而死亡。

如果是更近的γ射线暴，会吹飞高层大气，引燃植物，导致大火焚烧地面。江河湖海被γ射线蒸发，水汽遮天蔽日，过一段时间，水汽会重新凝云降雨，浇灭地面上的烈火。当一切无生命物质按照物理规律恢复如常后，只留下一片死寂的陆地。

即使有如此多的次生灾难，海洋深处仍然会有生命存活下来。不过，它们只能是低等生命，再经历几亿年，才能进化到智慧生命，前提是这个进程不会被另一次γ射线暴打断。

回到最初的"费米悖论"，不少科学家认为，频繁出现的γ射线暴随机扫过任意方向，袭击过90%的宜居行星，不断把它们格式化，将生命进化过程归零。尤其在银河系中央区域，由于γ射线暴十分频繁，可能完全没有生命存在。太阳系距离银河中心约3万光年，才有幸躲开γ射线暴这种灾难。

很有可能，人类是周围几百光年内逃脱如此酷刑的唯一智慧种族。幸运的是，γ射线暴的释放路径非常狭窄，即使扫中地球，也可能放过金星或者火星，人类可以提前打造出备份的新世界。

06　逼近死亡周期

除了近距离的超新星和γ射线流，地球本身就存在着平均2600万年的死亡周期，这个假说正在被古生物学家所证实。

每隔2600万年，地球上的生命便会大面积死亡。要注意，大面积死亡和生物大灭绝还不是同一个概念。一种生物如果存量大规模下降，就说明它正在大面积死亡，但只有这种生物百分之百死亡，它才会彻底灭绝，只要留下百分之几，这种生物都有可能死灰复燃。

当然，生物大灭绝也就是大面积死亡，但是在两次大灭绝之间，还会发生不那么彻底但也是灾难性的死亡。地球历史上出现过五次生物大灭绝，平均周期为6500万年，但是死亡周期却短了将近一半。就拿恐龙灭绝到现在这段时间来说，3500万年前也发生过一次天体撞击，导致了生物大面积死亡。

天文学家推测，地球死亡周期与太阳系绕银河的公转有关。不仅地球在绕太阳公转，太阳也带着孩子们，围绕银河系中心以2.5亿年为周期公转。在这期间，太阳并非只是在一个平面里旋转，而是时上时下，每隔2600万年，太阳都会运行到离银盘平面最远的地方。

走到这里，周围星系减少，宇宙中的引力摄动干扰太阳系外围的奥尔特云，大量小天体飞进内太阳系，轰击各大行星。由于屏蔽减少，大量宇宙辐射也会长驱直入，危害地球。

有的读者会问，太阳已经绕银河系旋转了45亿年，为什么第一次生物大灭绝到4.4亿年前才发生？原因是生命自从形成后，在漫长的20多亿年时间里都是单细胞生物。直到6亿年前寒武纪大爆发，才出现繁荣的多细胞生物，大灭绝也是从那时才开始出现。至于单细胞生物，一来容易存活，二来它们的增与减并不明显。

另外的读者会问，无论是近距离超新星爆发，还是进入银河系死亡区域，地球尚且不能保护我们，离开地球又有什么用？

答案是，如果我们离开地球，住进小型人造天体当中，一旦这类灾难再度降临，人类就有足够的能力保护人造小天体，比如升起强磁场。今天的人类已经制造出比地磁强大百万倍的人造磁场，在将来足够保护太空城。但是，人类就是到了未来，恐怕也没有能力保护整个地球。

更有读者会问，你罗列的这些全球灾难，少则数百年，多则数百万年才会发生，我为什么要操这些心？

这个问题问到了关键，它已经不能用科技知识来回答。是的，这些灾难不大可能在21世纪发生，但是无论什么时候发生，离开地球，建设备份生存空间，都是人类最好的解决方案。

既然人类早晚要离开地球，为什么不是现在？

07 资源天花板

2019年，沃尔玛是美国营业额最大的公司，全年营业额相当于1960年美国的GDP总值。同年，中石油是中国营业额最大的公司，全年营业额相当于1991年中国GDP的总值！

"我们是在使用子孙后代的资源，给他们留点资源吧！"

几十年间，我已经看过不下几百篇文章在阐述这个观点。结合上面两个例子，这种理论看上去很有道理，仔细一想却经不起推敲。我们得为后代保留资源，他们要不要也为他们的后代保留资源？

如果我们节衣缩食，而他们能够尽情挥霍，这显然不太对劲。但如果他们也要为后代保留这些资源，那我们又何谈是在为他们节省？照此逻辑，完全不用这些资源不是更好？

这种观点来自1972年斯德哥尔摩的人类环境会议，与会各方喊出了一个响亮的口号——我们只有一个地球！当时，工业化国家只有不到

10亿人，地球上的某些资源，比如海洋鱼类，已经出现了枯竭。如果全人类都把资源消耗水平提高到西方程度，一个地球哪里够用？

如今，单是经济迅猛增长的中国，人口就超过了所有发达国家。中国的人均消费资源水平虽不及今日的美国，但肯定远超1972年的美国。接下来，13亿印度人也要过这样的生活，12亿非洲人也要过这样的生活。并且，全球所有人都还想让生活水平再升级。

科学技术在发展中，一次次把资源崩溃的前景推到未来，但只要人类还困在地球上，资源危机总会到来。在资源危机全面降临前，人类就会承受发展停滞、经济紧缩的痛苦。

工业革命后，人类在发展中生活了200多年。只要出现停滞，就会导致社会动荡，但总是这样发展下去，我们早晚会撞上地球资源的天花板。如今每年的资源消耗已经是工业革命前的700倍，按照卡尔达舍夫的理论，再增加270倍，我们将控制全地球的能源。反过来也就是说，不远的将来，整个地球资源都为人类服务，也才勉强够用。

然而，以后的日子怎么办？解决方案只有一个，资源危机爆发之前，我们先咬断自己的脐带，成为宇宙人。

如果把地球当作母亲，人类这个胎儿目前正遭遇着难产。母亲怀胎一两个月，她的行动不受影响。可是，经历过5次流产的地球现在又怀到了10个月，胎儿却迟迟不降生，反而在子宫里越长越大。

这才是问题的实质！

好在，永远有人在旧的资源危机发生之前找到新资源。我一出生就能用电，能坐车，这都是因为在我出生前，已经有人发明出电力和内燃机。如果我们真想为子孙后代做些事，那就努力升级今天的技术，早日挣脱重力约束，成为自由的宇宙民族。

面对隐约可见的资源断崖，很多人觉得应该给科技和工业踩刹车，我却觉得更应该踩油门，好让我们一飞冲天，不再折磨地球！

08 全系一盘棋

拉力和推力都已经介绍，宇宙开发值得当成使命来执行，下面是否就要讲具体开发的步骤？且慢，我们还需要讨论一下，这场大开发应该贯彻什么样的指导思想。

美国科幻作家海因莱因写过一部畅销书，名叫《月球是一位严厉的女人》。小说中，人类移民建成月球社会，然后反叛地球，要求独立。

显然，这跟美国的移民历史很相似，类似题材的太空剧相当多，美剧《无垠的太空》仍然使用这种设定。故事里面，人类在太阳系里分帮分派，各据片区，彼此开战。

美洲先被殖民，然后再搞独立，这是近代史上的重要篇章。发生这种现象，一个主要原因就是当年以小农经济为主，每个地方都能自给自足。远远地来一帮人收税，不反哺当地，很容易激起地方人民的反感。

反之，苏联解体后，分出来的国家几乎没有哪一个能发展得更好，这是因为已经进入工业时代，各地区之间形成了稳定的工业供应链，一旦打破，恶果立现。

未来的太阳系社会更像后者，而不像前者。除了地球，太阳系无一处能够自给自足。太阳系各处各有某些突出的资源，也会严重缺乏某些资源，每个地方都和其他地方充分互补。并且，地球在相当长时间里，都是宇宙开发的总后勤部，可以提供人才、技术和物资。

这种资源分布情况，客观上让太空移民比地球上的祖先更懂得合作。整个太阳系开发是盘统一的棋，开发每个地方，都要想好能为其他地方做什么贡献。

另外，战争的基本前提是资源危机。进入太空后，只有最初一段时间，移民们过得比地球上艰苦。前几个阶段完成后，太空移民的人均资源会远远超过地球亲戚。有些讨论宇宙开发的文章大谈太空立法，其实很可笑。人类会争抢比地球多10万倍的水，或者多100万亿倍的能量？

宇宙开发会终结一切战争，而不是让战争在宇宙背景下升级，能看到这样的前景，才算真正有想象力。

回顾过去，为什么人类从1.2万年前学会种地，到1750年才开始工业革命？为什么从那时起又经历300年，才过上信息化生活？因为这两个过程没有人事先做整体规划，当年那些开荒的农民，或者投资实业的商人，都是走一步看一步。

假设我们有时光机，派历史学家回到过去，从小亚细亚地区最早的那群农民开始，教他们种什么庄稼，养什么牲畜，如何筑城，如何修路，怎样纺织，或许会把发展时间压缩到几千年内，公元前人类就能进入工业社会。

我们不可能影响历史，但可以影响未来。从最近的小行星到遥远的奥尔特云，这场伟大征途不亚于文明再生。后人一步步走向太阳系边际，可能要花几百上千年，或者十几代人到几十代人。幸好我们已经有足够的知识，为它做出整体规划。

09 给未来铺台阶

开发太空，我们要做很多事，但是，每项技术任务的设定不仅要以自身为目标，也要为下一个目标奠定基础，我们可以把它称为筑阶原则。

2003年10月15日，杨利伟乘坐"神舟五号"成功升空。当时的媒体把这件事定义为中国人成功实现了载人航天，也就是说，它本身是一个伟大目标。

媒体并不知道"神舟五号"的升空还有科技上的意义。在中国航天界，"神舟"飞船只是中国空间站计划的一个台阶。飞船在天上飞不了几圈，功能有限，它真正的作用是送航天员进入未来的空间站。

为此，"神舟五号"安装了与空间实验室对接的舱口。当时，中国还没有制造"天宫一号"，轨道上并没有目标可以去对接。"神舟五号"又是一次性的飞船，返回后就报废，为什么要留这个没用的对接口？就是为了测试一下这种结构的飞船在升空和返回时会遇到什么问题。

这是筑阶原则的充分体现，违反筑阶原则的突出例子，就是美国的"阿波罗计划"，用举国之力送12个人到月球，带回300多公斤石头，然后就没有然后了。

当然，"阿波罗计划"的目标远在科学之外，是一场巨大的宣传秀，但在科学层面上，它没有下一步目标。可能宇航专家私下里有所讨论，但在政府层面上，登月就是登月，没想过以后还做什么。

如今，中国载人登月迟迟没有开始，国内航天迷等得有些心焦。其实，中国不再搞"到此一游"式的载人登月，而是要在月球建立科研基地。把人送上月球，是为了让人待在月球，所以不急于一时。

世界各国国庆日都是国家建立的日子，只有西班牙将10月12日定为国庆日，以纪念1492年的这一天，哥伦布远航到达美洲。

在同一年的1月2日，西班牙军队攻陷摩尔人的首都格拉纳达，实现了全国统一，似乎这一天更有资格成为西班牙的国庆日。发现美洲后，西班牙虽然在当地建起不少殖民地，但1900年以前就都吐了出来。

所以，这是个与国土无关的国庆日，因为历史上再没有哪个时刻比这一天对西班牙的国运改变更多。鼎盛时期，西班牙从美洲开采的贵金属占全球83%，凭此成为第一个日不落帝国。

但是，他们选择了把金银带回本土，肆意挥霍，而不是把本土精英和技术输往南美，对新天地深入开发，结果不仅争夺世界霸权失败，在美洲也失去了所有殖民地。

英国作为第二个日不落帝国，仍然重蹈覆辙，他们失去了最有希望的殖民地，也就是后来的美国。原因也是把太多当地资源输往本土，而不是派来人力物力，对当地深度开发。如果现在的英国仍然控制着美国，那它仍然会坐在全球头把交椅之上。

现在的种种宇宙开发计划，多少也受这类小农意识支配。有人想把近地空间太阳能传输到地面，有人想把月球上的氦3搬回来，有人想将小行星金属运回来。诸如此类，不一而足。

不，人类在太空中做的每件事，都要为更远的征程打基础。我们不是要搬回什么，我们是要把自己搬出去！

只有理解这个原则，才能明白后面的内容。

10 先生产，后生活

先生产，后生活，这是人类工业化以后的普遍规律，很多现代化城市最初只是工厂聚集地，工业发展了，人口聚集了，其他社会生活水平才能提高。无论是英国的曼彻斯特、利兹，德国的鲁尔，还是中国的上海、天津和深圳，最初都是工业基地。

太空开发的规律也差不多，无论分析哪个开发目标，都要先考虑那里能形成哪些成规模的工业产出，然后再考虑人类怎么在当地定居。甚至，有些开发目标可能永远不会成为定居点，比如一颗金属小行星，或者木星大气层，但那也没什么。谁会定居在某个海洋钻井平台上？产出才是第一位的目标。

拿这个原则去考察就会发现，目前不少有关太空移民的设想非常可笑。比如，火星早早成为太空移民的首选，大家反复讨论如何在那里建设定居点，却没有谁分析过，火星有什么我们迫切需要的资源。

实际上，单以资源而论，火星在太阳系诸天体里排不进前五名。是的，有赤铁矿，但是那不过是工业革命时代的老资源，未来地球上的钢铁消费量都会下降，何况火星。

而没有重要资源，我们为什么要执着于火星？仅仅因为它在科幻作品里经常出现吗？甚至有科学家指出，从科研价值上看，降落火星都不如考察火卫一或者火卫二。

1492年，哥伦布船队到达了美洲，这是地理上的伟大发现。然而，西班牙国王资助他远航，可不是为了搞科学研究，而是为了打通与亚洲的航路，总之，这趟航程是要赚钱的。

哥伦布直到死去，也没从美洲带回财富。他后来又航行了几次，都只是投入，没有产出，其他欧洲人也是一样，乘兴而去，空手而归。当时的美洲不是亚洲，开发程度很低。直到60多年后，西班牙才第一次从美洲殖民地上拿到税金。

如果当年有人告诉欧洲的农民，你们到了美洲，不仅要带上牛羊，还要带上够它们一辈子吃的草料，相信肯定没人去移民。在历史上，移民只携带种子和牲畜，其他资源都从当地获得。

太空开发也是一样。如果从1961年加加林升空开始算到今天，已经过去60年。人类还要带着氧气、水和粮食升空，并且早晚要返回地面。除了地球，太阳系里再没有宜居地。不管到哪，都只有几项，甚至只有一项资源优势，但只要有一项资源，当地就拥有与其他地方交易产品的前景，人类也会朝着那里进发。

前提是我们先发展工业，再去生活。

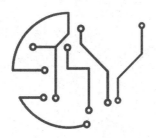

第三章 Made In Space!

太空早就有实用价值，然而直到今天，人类从太空中收到的"产品"只有一种，那就是各种信号，它们或者来自科研仪器的观测，或者来自通信卫星的转播。我们还没能从太空中带回一个零件，一块金属，甚至一粒米。

文明再高级，也要以实物生产为本。如果不能在太空中兴建一套新工业，宇航就永远是靠地球供养的奢侈品。好在，这一天已经为时不远。

01　能源为本

宇航界有个远大理想，叫作"Made In Space"，也就是"太空制造"，利用太空中零重力、超低温、超洁净等有利条件，制造出地面上无法制造或者难以制造出的产品，包括泡沫金属、理想晶体、超级轴承、高纯度药品等。

至于那些地面上能够生产的普通产品，也有必要在太空中生产替代品，包括金属、建筑陶瓷或者玻璃。无论是为了减少运费，还是为了减少对地球资源的消耗，都需要在宇宙中建立完整的工业体系。

然而，任何工业的基础都是能源。宇航事业发展到今天，只有500多人进入太空。如果用他们做分母，去除各国花在这方面的总能耗，太空作业的人均能源消耗远高于地面。当然，以后发射频率增加，平均能耗会下降，但是怎么都会远远高于地面上的人均能耗。

宇航专家设想过无数宏伟远景，从制造太空城，到改造火星，甚至向比邻星派出光子飞船，光靠地球能源，它们哪个都不能实现。就像原始社会造不出火车一样，这中间差着好几个能源台阶。

在没有黑夜和云层遮掩的宇宙空间，同样面积的光电材料能接受到3倍以上的太阳能，是的，它就是最方便的太空能源。现在，国际空间站理论上最大发电能力约每小时120千瓦，论功率和小轿车差不多，只能支持科研和生活，未来的卫星太阳能电站会把这个数字提高成百上千倍。

如今，最先进的光伏技术可以将光电转换效率提高到24%，自动化技术能让卫星太阳能电站完全智能化，不需要航天员操作。材料科学的进步使得太阳能电池板变得很轻，能被卷成很小的体积发射上天，当然，它的表面积必须很大，才能接受足够的阳光。

不可能往太空中架电线，所以人们设想把这些电力用微波发射装置输往地球。这样一来，地面也需要建造面积很大的接收设备。其实，这和西班牙人往本土运白银的思路差不多。如果他们用美洲的白银开发美洲，现在可能还是第一强国。

在地面上建设微波接收站，还不如建一座第四代核电站更经济，太空中获得的电力应该用于太空工厂和太空农场的能源。微波传输仍然适用，只不过目标改为从太空太阳能电站输往附近的空间工厂。

由于一直想把太空电力输往地球，人们称这项技术为"卫星太阳能电站"，原因是要把它们放在地球轨道上。本书把它叫作"太空太阳能电站"，意思是这些太阳能电站可以设置在太空各处，以贴近空间生产场所为宗旨。

在影片《电力之战》中，观众会看到爱迪生与威斯汀豪斯围绕直流电和交流电斗法，结局是交流电获胜，成为今天的主流输电形式。有趣的是，在进入太空后最初一段时间，直流电会重新成为主流。

交流电需要有一家电厂为核心，通过电网向四面八方输送电力。未来无论是自己用太阳能发电，还是接受太空太阳能电站的微波输电，未来的太空生产场所都使用小型分布式电源，直流电重新占有优势，现在国际空间站里面就是直流电。

02　超导显神威

"超导"这个词我从小就听到过，中国人甚至拍过一部名叫《超导》的故事片，由王志文主演。然而，它长期作为"前沿科学"埋藏在实验室里，即使出现以超导为基础的磁悬浮轨道，也远不像轮轨那样遍地开花。

超导是指某种材料在某一温度下电阻为零的状态。当然，电阻不可能完全消失，一般把电阻测量值小于 10^{-25} 欧姆视为超导状态。

各种材料进入超导状态的温度不同，但都远远低于室温。目前虽然有常温超导材料研发成功，但是难以形成工业化生产。以规模而论，还只能运用大量低温超导材料，这样一来，就必须先花费大量能源制造超低温环境，这就是超导技术光开花、难结果的原因。

然而，有了太空这个天然冷源，超导技术就能大行其道。超导体能汇集起强大电流，这是它的基本优势。在太空中，磁悬浮不再是超导的主战场，人类转而使用各种强电流装置，比如制造大型磁体，进而在太空城市外形成人工磁场，屏蔽宇宙高能射线。

超导虽然还没有大规模运用于太空，但各国团队都在跃跃欲试。中国西安电子科技大学杨勇带领的团队就在研发太空超导电缆，它可以运用于高真空和超低温的太空环境，并通过辐射带走废热。

该校的汪巧文则在研究超导材料如何运用于太阳能电站的输电过程。太空发电多使用直流输电，适合使用超导电缆。汪巧文对超导电缆在真空和低温环境下的工作原理进行了分析。宁夏东旭太阳能科技有限公司则着手研发太空高效超导太阳能电池，以大大提高光电转换效率。

人类不仅计划将超导技术大规模运用于太空工业，还希望它在航天发射方面起重大作用。化学火箭能源转化率低下，导致发射费用高昂，以超导技术为主建设电磁炮发射装置，可以大大降低发射成本。

美国宇航局高级概念研究所提出过一种设想，在山体里建设长3公里、仰角60度的轨道，放置磁悬浮导向槽，其上装置运载滑车，将超导磁体置于滑车底部，将需要发射的物品放到这个车里。发射时，超导磁体与导向槽上的导电板发生作用，但是两者间没有接触，不产生摩擦力，能达到30倍的重力加速度。等滑车到达轨道顶点时，有效载荷被释放，高速飞向太空，运载滑车则返回起点，开始另一次发射。为减小摩擦力，整个加速器封闭在由氢气填充的管道里。

超导电磁发射并非一步到位，它发射的是小型运载火箭，有机翼，类似航天飞机。运载火箭被弹射到天空后仍然要点火，才能达到逃逸速度，进入太空，返回时可以像航天飞机那样返回。

在这里，超导电磁系统实际上取代了传统火箭的第一级。通常这部分的质量就超过整个火箭质量的一半，但只能把火箭加速到超音速。超导电磁轨道用电力代替化学能，大大节省了能源。像水、食物、推进剂、金属材料等补给物，都可以用超导电磁轨道发射。

03　在宇宙中冶金

2020年11月1日，第五届中国科幻大会在首钢工业遗址的三号高炉里面开幕，它的炉头平台有76米高，炉体容积达到2500立方米。我和几百号人坐进改建后的高炉，一边听嘉宾讲话，一边不时仰望头顶上宏伟的工业奇观。

除了高炉本身，旁边还保留着一条数百米长的传送带，高炉作业时，它负责把焦炭送入炉体。把周围辅助设备都算起来，这占了几个足球场大小的面积。如果要在宇宙中冶金，是否要把它们都发射上去？

当然不用，与地面冶金相比，太空冶金可以算是绣花一样的工作。

地面上有空气对流，燃料在冶炼时发出的热量，很大一部分在对流中浪费掉。炉前工因为大量出汗，甚至要喝盐汽水进行补充，而在零重力环境中冶炼，原料只会通过辐射向外部发热，节省了大量能源。

其实，地面上的冶金行业也普遍用上了电炉，它升温快，开机后十几分钟就能达到工作温度，它的保温性能也很好，由于散热而浪费的能量远小于高炉，热效率极高。而且，电炉容量大可到几十吨，小的才几公斤，可谓机动灵活。

地面冶金仍在使用庞大的设备，一个重要原因就是金属需求太大，每年全球各种金属消费加起来至少要十几亿吨。太空冶金的供应对象就是太空工业本身，除了极少数地面无法冶炼的特种合金，基本不需要把产品运回地面。所以，最初的年需求可能只有几吨到几十吨。后期会逐步增加，太空冶炼的产能也会随之提升。

即使在地面上，电炉从各方面看都是更好的冶金设备，但是耗电量很大。将一吨原料加热至1100摄氏度，需要用360度电。然而如前所述，太空中的电力便宜得像是不要钱，由于不用制冷就能大量使用超导线路，更可以集中强大电力于工业设备。

冶炼合金时，比重差异较大的金属在地面上很难混合，比如铝和铅。熔点差异较大的金属也很难混合，比如铝和钨。由于这些原因，至少有400多种合金不能在地面环境里制造。进入太空，这些都不再是问题，人们已经在太空中试制出了铝钨合金与铝铅合金。

在太空冶金还有个便利条件，就是天然的超真空环境。在地面上冶金，必须防止原料被氧化，有时需要向炉内填入氩气，有时需要抽真空，总之都是费料费时，太空直接提供了真空环境。

当然，有利必然有弊。零重力冶炼由于没有对流，废热迟迟无法散去。所以，散热是太空冶金的头号难题。这个难题先留下来，有待后面解决。

科学家早就瞄上了太空冶炼。早在阿波罗飞船登月时，就携带着小型电炉，顺便进行太空冶炼实验。从20世纪70年代开始，无论是苏联的空间站、日本的卫星，还是美国的航天飞机，都曾经携带小型电炉上天做冶炼实验。

我国的"天宫二号"专门搭载有"综合材料实验平台"，也在进行太空冶炼实验，它的主体是一口材料实验炉，最高温度能达到950摄氏度，在无人值守的情况下，它能对18种材料进行熔炼实验。

太空冶金的原料不用从地面发射，成品也不必送回地面，它将是一门自给自足的新工业。

04　小型制造技术

有了金属原料后怎么办？在太空中车铣刨磨？当然不行。

传统工艺里面，人们从矿石中冶炼出材料，从材料中切削出元件，物质总量一点点减少。人类每年消耗各种自然物质4000多亿吨，只能制造出约40亿吨成品，99%的原料都变成了废料。这么奢侈的工艺，在太空中完全行不通。

相反，3D打印将材料一点点增添到成品中，一台小机器就可以办大事。还有一种工艺，是用激光或者离子束深入材料中间，直接把它们切割为成品。所有这些都可称之为小型制造技术，由于需要计算机来指挥，这些技术直到20世纪90年代才发展起来。

展望太空工业，前期由于发射能力有限，在很长时间里，太空工厂内部空间都会十分狭窄，必须用小巧的机器加工材料，还要尽可能不产生废料，候选者就是这些绣花式的小型制造技术。另外，机器从一开始就由计算机指挥，减少人工，这在太空工业中也是个巨大优势。

太空中的3D打印与地面有很多不同。要在零重力环境中搞3D打印，粉末材料易飞散，液态材料会聚成球体。即使喷射到位，材料也不会像在地面上那样自然沉积成型。所以，还要用离心机制造出离心力代替重力。相比之下，3D打印在小行星、月球和火星这些低重力环境下更有用武之地。

除了零重力，太空还是真空环境，而在地面上，3D打印都在空气中进行。最近，美国太空制造公司已经研发出升级版打印机，在地面真空舱里进行了实验。太空打印材料有限，系绳无限公司还发明出利用空间站废料进行打印的新设备。

月壤是一种理想的打印材料。在地球上，人们已经能用3D打印技术制造出小型房屋。最早的月球基地很可能出自3D打印机，而不是从地球上制造房屋部件，带到月球上组装。

目前，3D打印已经大量用于各种航天器零部件的制造，并且大多使用钛合金、铝合金等材料。像火箭发动机的燃烧室、推力室、喷嘴和涡轮之类部件，已经开始有人试验用3D打印来制造。当然，它们都还是在地面上制造。但是，航天器上3D打印的部件越多，将来在太空中用打印部件进行替换维修的可能性也就越大。

2014年，美国就向国际空间站送去了太空3D打印机，实验性地打印专用零部件。2019年，俄国宇航员甚至用生物材料打印出老鼠甲状腺。2020年5月，中国的"复合材料空间3D打印机"也搭载载人飞船试验船，完成了世界首次太空中的碳纤维连续打印实验。

3D打印发明多年，一直华而不实，难以推广，原因在于成本太高，无法与传统工艺竞争。然而在太空中制造成品，成本再高，也低于从地面输送成品。价格优势使得航天大国普遍重视发展这些小型制造术。

在地面上搞3D打印，最常用的是各种纤维材料。太空中没有这种材料，需要地面提供。当人类能从太空中大量开发金属材料后，使用金属粉末的3D打印将会大行其道。

05 机器人大舞台

看完科幻片《火星救援》，有好事者计算了一下，为了将马克从火星救回地球，美中两国宇航局究竟花了多少钱？答案是几百亿美元！

再联想到类似题材的科幻片《地心引力》，我们会得出一个答案，把活人送到太空中进行各种作业非常不经济。相反，太空是机器人技术的大舞台。

把"robot"翻译成"机器人"，其实是个严重的误译，会导致中国人以为只有外形像人的"robot"才是机器人。其实，商场里出现的那些机器人服务员只是这类技术中很小的一种应用，而且缺乏技术含量。

"robot"的正确含义应该是"行为模拟器"，就是模拟各种动物行为的机器。比如软体机器人模拟蛇类运动，可以钻进狭小空间里工作，带翅膀的微型机器人可以模拟昆虫飞行。

人也是动物，当然在"robot"的模拟范围内，不过通常是只模拟人类的某个行为。最常见的机械臂，就是只模拟人类上肢的运动。

机器人的智能水平也有高低。有些机器人要靠人类远程操作，比如无人机或者深潜器。工厂里工位上的机器人不用远程操作，但是工作环境单一，不用应付突发事件。最高级的机器人要在复杂环境里自主判断变化，并采取行动。

如今，航天领域大量运用机器人，来自机器人行业的研发团队做了很多贡献。比如能在轨道上收集太空垃圾的"遨龙一号"，就由哈尔滨工业大学研发，那是国内机器人行业的老品牌。"玉兔号"上的机械臂操作精度达到毫米级，就是一台可以在地面遥控的机器人。

由于距离遥远，光速带来延时，深空飞船只能按程序自主行动，各种金星、火星的探测器就是如此。"旅行者一号"远在200亿公里之外，基本上靠自动控制。不过，它们的太空环境相对稳定，不会遇上突发情况，像捕捉小行星、对付金星大气、克服木星风暴这些任务，都会遇到以秒来计算的突发事件，这就迫切需要非遥控的高智能机器人。

美国的"黎明号"飞船探测灶神星时，控制飞行的动量轮损坏了一个。计算机判断情况后，关闭了所有动量轮，保证飞船顺利离开了灶神星。这是在无人遥控的前提下，计算机首次主动调整飞船操作步骤。故障信号传回地面后，专家们也认为这个措施非常合理。

在地面上使用工业机器人，很多人担心会抢走工人的饭碗，但在危险的外太空，机器人绝对是人类的好帮手。太空环境不宜生存，更不用说操作，机器人会降低类似"火星救援"那种事故的发生概率。

太空开发中的机器人大体执行三种任务。一是先导型任务，为人类打前站。比如用自动3D打印机建成居室，供人类宇航员居住。二是配合型任务，由宇航员操作机器人来完成，比如捕捉小行星。三是替代型任务，在人类不宜进入的环境中完成。比如在木星上开发气体资源，那里的重力高于地球，人类无法活动，在采气站工作的就是智能机器人。

06　太空农场

人类发射到太空的第一种生物既不是人，也不是著名的小狗莱卡，而是菌株。1946年7月9日，美国用V-2火箭把菌株带到134公里处，飞越了100公里的卡门线，算是进入了太空。

　　从那以后，人类一直利用太空中的强辐射培育良种，用返回式飞船回收，再在地面上培养。中国现在是全球搞太空育种最多的国家，几百个品种已经上市。

　　不过，人们还希望直接在太空中发展农业。这个梦想开始于1977年，苏联在"礼炮6号"空间站上培养了郁金香。后来，洋葱、兰花等植物也纷纷在太空中生长。2015年，国际空间站的宇航员吃上了自己培养的生菜，这很小的一口菜，是人类的一大进步，也是未来太空农业发展的里程碑。

　　中国将蚕带到"天宫二号"上饲养，并让它们吐丝结茧，甚至化蛹为蛾，产下第二代。2019年，搭载于"嫦娥四号"上的棉花种子开始发芽，成为人类在其他天体上培养出的第一株植物。

　　当然，动植物培养还不能与大规模的农场相比，后者目前只能在地面上进行，其中最著名的要数"生物圈二号"。1987年，美国洛克菲勒公司发起了这个项目，打造出封闭的人工生态循环系统。

　　"生物圈二号"位于亚利桑那州的一处沙漠，这个系统有1.2万平方米，里面设置7个生态区，生活着4000多种植物和一些动物。8名实验人员连续居住了21个月，后来，实验人员又在里面居住了10个月。在此期间，实验人员完全食用封闭空间里出产的食物。

　　"生物圈二号"试图模拟未来太空中的封闭人造环境，不过据介绍，密封并没有达到空间站水平，"生物圈二号"仍然与周围环境有物质交换，实验中也会向里面输入必需品。所以，它有强烈的象征意义，但实验条件并不是很严格。

　　相对而言，2012年中国的"受控生态生命保障系统集成实验"要严格得多。54平方米的环境完全按照空间站标准密封，其中有36平方米用于培养植物。两名实验人员在里面居住30天，吃的主要是包装食品，以培养出来的蔬菜为辅助食品。

　　大规模建设太空工厂，从地球上运送食物会变得很不经济。长期吃不到新鲜食品又影响人员健康。因此，大型太空居民点必须要配备农场。植物还能吸收太空居民呼出的二氧化碳，形成良性物质循环。甚至可以在农场里饲养小动物，解决缺少蛋白质摄入的问题。

不过，由于植物不足，太空动物主要以高蛋白昆虫为主。最近人造肉技术得到发展，人们从动物身体上取出肌肉细胞，在人工环境下培养成人造肌肉。还有一种"单细胞蛋白质"，由微生物生产，可以视为人造蘑菇，蛋白质含量高达80%。初期太空农业可能主要提供这些稀奇古怪的"肉制品"。

其实，太空种植与地面种植相比有很多优势。位于近地空间，植物可以全天候吸收阳光。太空农场使用无土栽培，农作物生长在垫板上，只要留出足够间距，不妨碍它们吸收阳光。地面上有鸟、虫和微生物危害农作物，有杂草争夺营养，太空农业则不会存在这些问题。

当然，在近地空间或者月球上建农场，也有明显的劣势，就是缺少二氧化碳和水，这个问题留待下面来解决。

07　制药可能是第一步

人类距离在太空中自给自足的目标还很遥远，太空回收能力又非常小。所以，某种需要的原料少，设备重量小，价值又非常高的产品，可能成为太空工业的第一步，那就是制药！

在无重力环境里，培养液中的细胞不会沉降到容器底部，能够悬浮起来，吸收更多的营养。因此，太空是培养生物制剂的优良环境，比如大家都在关心的疫苗，就很适合在太空中生产。

太空中可以使用电泳技术，通电后，质量和电荷比值不同的粒子会分离，这是一种高效率的分离提纯技术。因为在地面上，粒子受重力和对流的影响，分离后很快又发生混合，所以，电泳技术提出很久，迟迟不能运用。

但是在零重力环境中，这两个问题就不复存在。人们可以分离细胞与蛋白质，比如从肾细胞中分离出尿激素，这种物质可以溶解血栓，治疗凝血症。心脏病、脑卒中和静脉血栓栓塞症，共同的发病机制都是血栓，可见这种药物的价值。

在太空制备尿激素，效率是地面的10倍，在太空中从血浆里分离蛋白，效率是地面的700倍！

地面上受重力影响，很难生成又大又纯的蛋白质晶体，而在治疗癌症、糖尿病、肺气肿、免疫失调等疾病时，生产对症药物都需要生成这样的晶体。最有价值的目标是通用流感药物，可以对付各种流感，日本横滨国立大学的科学家已经在国际空间站搭载设备，研制这种药物，日本还以北海道大学为首，成立"宇宙创药协议会"，专攻太空制药。

生物制药很有可能是第一种能在太空中进行规模生产的工业制品。当然，最初生产的必然是地面上难以生产的稀缺药物，据统计，有48种激素只能在零重力环境下生产，全球需要这些药物的病人累计有4000万人。

接下来，那些能在地面生产，但是效率不高的药物制作工艺，也会被搬上太空。以上述电泳技术为例，太空制药效率是地面的数百倍，这种效率上的差异会弥补高昂的回收成本，让太空制药有利可图。

没有回收技术，就无法进行太空制药。所以，我国也很早加入这个行列。目前主要是通过太空育种，对一些药用生物进行诱变，提高其有用成分。"神舟三号"甘露聚糖肽口服液是全球首款太空诱变后的药物产品，当然，它的生产还要在地面上进行。

太空制药的关键是回收产品。航天飞机如果还在，一次能运回几十吨载荷。如果是运上述高附加值药物，有望平衡发射成本。航天飞机退役后，只有一次性的载人飞船往返于天地之间，它们的主要功能是往太空站送补给，每次除宇航员之外，能带回来的物品不足一吨，完全满足不了货运要求。

所以，如果要开始真正的太空制药，必须恢复使用航天飞机，或者研制出空天飞机。在这里，我们又看到了宇宙开发的全局性，一种技术会为另一种技术提供基础。

08　宇宙工程弹

炸药发明出来后，是用于杀人的场合多，还是用于建设的场合多？

由于战争场面令人触目惊心，人们总倾向于前一个答案。其实，炸药用于和平建设远多于战争。大家观看各种深圳建设的纪录片时，都能看到一次大爆破的镜头，那是建设深圳机场时，为削平海边小山进行的爆破，使用炸药1.4万吨，是人类工程史上规模最大的爆破。

1.4万吨有多少呢？二战中日军在所有战场一年使用的炸药也不过6万多吨。2019年，中国生产民用炸药400多万吨，相当于1944年，也就是二战中军火生产量最大的那一年，所有交战国生产炸药总和的两倍！

可以说，炸药发明后主要用于服务人类，而不是杀死人类。下一个需要正名的可能就是氢弹，它是未来宇宙开发事业的重要工具。

氢弹是人类发明的威力最大的爆炸物，人们也早就设想过它的工程用途。在电影《不见不散》中，葛优饰演的刘元说了一段台词，设想用氢弹在喜马拉雅山炸开一道50公里宽的口子，把印度洋暖风引到青藏高原，变出很多鱼米之乡。这段台词不是编剧的原创，而是借用了当时的一个工程技术设想。

苏联也有人想用小型氢弹来发电，方法是在大山里掏出岩石洞，装满锂盐，将小型氢弹在洞里引爆，把锂盐变成气体，导入汽轮机发电，等气体冷却下来后，再爆破另一颗氢弹，如此反复不止。

当然，这些设想也就是想想，谁也不敢在地球上使用氢弹搞建设，但在宇宙中使用氢弹，不会危害到任何人。反之，人类还需要进行很多天体级别的工程爆破，比如炸碎一颗冲向地球的小行星，不用氢弹，难道一飞船一飞船地去运普通炸药？

理论上氢弹装药量无上限。苏联就能制造出当量一亿吨的氢弹，因为找不到那么大的实验场，压缩为5000万吨，并于1961年10月30日在新地岛成功爆破。这次实验也告诉军事家，氢弹造得大没有实用价值。于是，各国转而压缩当量，制造小、快、灵的核武器。

然而，如果要把氢弹用于太空建设，就要走完全相反的技术路径，氢弹需要越造越大。比如，为了汽化火星极地的干冰，或者提取谷神星内部的水，可以投放10亿吨级的氢弹。

氢弹爆炸时，能量会以各种形式释放出来。中子弹就是一种小型氢弹，爆炸时能量更多地以中子流形式释放，杀死对方人员，减少对设备和建筑的损坏，而在宇宙中进行工程爆破，则需要尽可能减少辐射，提高冲击波。

核聚变只有瞬间的中子辐射，不留长期污染。如果中国的全氮阴离子盐技术发展成熟，代替裂变炸弹作为起爆剂，氢弹的放射性污染可以减少到接近于零。

在后面的宇宙开发计划中，你会多次看到氢弹的身影，请允许我给它重新命个名，叫作"宇宙工程弹"。氢弹在现实中还没有杀过人，未来可能也不会，它将会在太空中造福人类。

09 在轨发射与太空维修

空间站在地球轨道上旋转，受大气摩擦，高度会不断下降，所以要经常打开发动机，提升回更高的轨道。有些火星探测器要预先发射到地球轨道，伺机再变轨飞向火星。美国的"麦哲伦号"金星探测器，也是由航天飞机送入地球轨道，再启动自己的发动机，飞向目标。

这些都是在轨发射的雏形和预演。所谓在轨发射，就是把各种部件发射到近地空间，在那里组装成大型航天器，再启动飞向深空，它的难点不在于发射，而在于组装。

人类之所以要在轨发射，是因为化学火箭推力大，但是比冲低。要一次发射几百上千吨物体，就得使用几万吨推进剂，显然，不可能制造那么大的火箭。等离子体火箭比冲大，但是推力很小，无法克服地球重力。

所以，大型飞船只能采用在轨发射的办法。载人登陆火星就是这样，所需要的飞船总质量最少也得几百吨，必须把部件分别发射，推进剂和给养这些物品也要分次送上去，一切在轨道上组装完成后，再启动火箭。

这个过程已经在《火星救援》中有所体现，中国发射的无人补给舱与美国飞船对接后，再一起飞向火星。

未来第一批太空工厂的质量远大于目前的空间站，普遍超过千吨，它们的位置可能在地球附近的几个引力平衡点，都在几十万到上百万公里远，这些工厂都需要轨道组装后再发射。

如今，精密设备只能在地球上制造，再发射入轨。然而，在轨发射不等于只是在地球轨道上发射。随着太空工业的开展，到处都能制造飞船部件。人类可能会在月球轨道、木星轨道，或者小行星轨道上建造巨型飞船，再点火启动，它们也属于在轨发射。

这些巨型飞船进入目标天体的环绕轨道，也不能直接降下去，只能由小型航天器搭载人和物资下降到天体表面，本身仍然需要在轨道上发射。

到那时，地外天体之间的交通量会高于地球和太空之间。与地面发射相比，在轨发射更为频繁。其中有些飞船，可能从头到尾每个部件都在太空制造，它们从组装出来以后，就只在不同天体轨道间运行，从不降落于任何天体表面。

1970年4月发射的"阿波罗13号"在途中发生氧气罐爆炸，宇航员在地面指挥下进行抢修，返回地球，开始了太空维修的先声。后来，苏联人抢修"礼炮号"空间站，美国人抢修哈勃望远镜，都是太空维修的著名案例。

任何设备都会老化，或者出故障，维修和保养是工业生产中不可缺少的环节。早期，卫星飞船出了事，人类只能眼睁睁看着它们消失在屏幕上，宇航员甚至不能维修自己的宇航服。今后发展太空工业，有大量设备投入使用，维修工作必不可少。

与地球上不同的是，太空工业基地相隔很远。这个在小行星，那个在月球。太空维修站需要与轨道发射场同处一地，以便维修人员频繁使用交通飞船。所以，未来可能会出现集两者功能于一身的综合太空站。

10　厂房在哪里？

有设备还得有厂房，最接近它的当然是空间站，我们可以从它身上找到未来太空厂房的影子。

空间站不用考虑返回，所以结构简单。现在的空间站完成使用寿命后，通过受控离轨，坠入"航天器公墓"，也就是南太平洋中部的一片海域，没有航线从那里穿越，受控离轨的航天器坠毁到那里不会造成伤害。

国际空间站采用积木式结构，可以拼插新的构件，在这个基础上一段段拼接出去，最终能获得小型工厂的体量。

建造太空工厂的材料，最初还都要从地球发射，必须选择高强度的轻质材料，碳纳米管或者石墨烯都是备选材料。优质石墨烯强度是钢的上百倍，建造同样的太空站，相当于减少百倍的发射质量。等这些材料能够大规模生产，就可以考虑建造太空工厂。

在科幻片《极乐空间》里，太空城被描述成高尚社区，仅供富人休闲和养老，这违反了先生产后生活的原则。太空工厂首先是生产与科研基地，许多年之内，只有科技人员才能去那里工作和居住。

短期内，太空工厂可以像太空城那样绕地球旋转。长期看来，它需要建在引力平衡点上，以方便从月球、小行星或者金星运输物资。

引力平衡点是法国学者拉格朗日推导出的空间位置，一个物体到了这里，接收到的两大天体引力形成平衡，会长时间保留在原位。航天器到达这些位置，只需微调就能与地球保持在相对静止的位置上。这些地方远在地球阴影之外，光照充分，对科研和太空工业十分有利。

地球附近有地日引力平衡点，也有地月引力平衡点，以地日L2点为最佳。中国的"嫦娥二号"就从月球轨道出发，飞到L2点，停留10

个月之久。中继星"鹊桥"则飞到地月L2点，为降落在月球背面的"嫦娥四号"提供通信服务。可以说，中国人已经掌握了抵达这两个位置的技术。

早期空间站很小，能用火箭一次性发射入轨。未来的太空工厂会比国际空间站还大，必须一段段发射上去，在太空中组装起来，甚至要边组装，边生产。

目前的空间站都使用刚性材料，内径不可能大于运载火箭的直径。随着地面上气模建筑技术的发展，人类可以制造出密封性能好、体量又大的建筑。美国毕格罗宇航公司便尝试把这种技术引向太空，它就是一个充气太空站，学名"可扩展充气模块"，发射时把它折叠在火箭里，入轨后展开。

第一个实验舱名叫B330，意味着能获得330立方米空间。三个这样的实验舱，内部空间就相当于整座国际空间站，而价格却相差近百倍！毕格罗宇航公司想用它开设太空旅馆，不过，用来建造太空工厂，显然更为迫切。

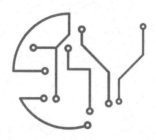

第四章　飞越卡门线

科幻片经常给观众描绘亿万星辰的美景，讲述人类在宇宙中开枝散叶的辉煌。然而万事开头难，如果不能把成千上万吨物资送上太空，移民宇宙的那一天永远不会到来。

所以，太空长征第一站发生在地面，那就是人类对地心引力的征服。今天，这个领域已经小有成果，但如果要在太空中建一座城，哪怕只有你家小区那么大，今天这点发射能力还远远不够。

怎么办？答案就在这一章里面。

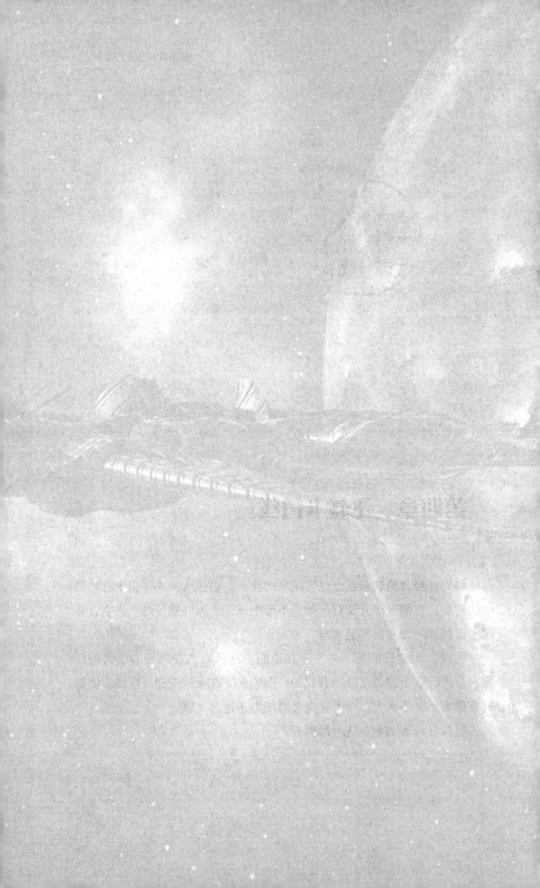

01　沉重的锁链

西奥多·冯·卡门，美国航天工程师，钱学森的师傅，曾经计算过航空器飞行的高度上限。他认为，如果飞机上升到85公里至100公里这个范围时，必须远远超过第一宇宙速度才能获得足够的升力。果真如此，飞机也就成了飞船。所以，这个范围是航空与航天的界限。

后来，国际航空联合会就将海拔100公里定为大气层与太空的分界线，并称之为卡门线。

迄今为止，全球合计有500多个人飞越了卡门线。这个数字每年都会增加一些，但是把他们都请到一起，也坐不满全球最大客机"空客A380"，它有800多个座位！

非不为也，实不能也。开发太空需要综合上万种新技术，不过有一种技术却是全部事业的基础，那就是如何让物体更容易地摆脱地心引力。

历史上功率最大的火箭是美国的"土星五号"，能把120吨载荷送到地球轨道。如果换成铁路运输的话，不过才三个车皮。杨利伟成功升空，使用了400多吨推进剂。如果使用这么多的汽油，能让家用轿车行驶几百万公里。

2019年，全球火箭发射92次，送上天的物质总量不过数百吨，一艘内河驳船能把它们全运走。俄罗斯"联盟号"飞船送宇航员去国际空间站，一个座位8000万美元。欧洲阿里亚娜火箭每公斤发射费用为1万美元。

相对而言，中国火箭发射成本算是比较低的，其中最便宜的低轨小火箭发射，每公斤也达到5833美元。往"天宫一号"送瓶矿泉水，需要2万人民币。

这还只是发射时各种耗材的成本，如果把建设和维护场站的费用都算下来，火箭里填的其实是钞票。

人类向太空中发射的最重物体，是航天飞机的轨道器，满载时全重接近100吨。人类制造出的最大船舶是一艘名叫"诺克·耐维斯"的油轮，排水量达到82.5万吨。即使把外贮箱和固体助推器都加上，航天飞机的重量也不够油轮的零头。

与发射能力相比，如今卫星制造已经模块化、标准化。有些微纳卫星只有盒子大小，成本才几十万元。

另外，对卫星需求也在膨胀，"Space X星链"工程计划发射1.2万颗卫星，以取代地面基站。像埃塞俄比亚这种发展中国家，随着经济进步，也在中国帮助下发射了本国卫星。如此看来，世界上大部分国家都有发射卫星的需求，而且不是一颗两颗。

相比之下，火箭仍然要几千万美元一枚，这让发射费用成为太空开发的瓶颈。受制于此，迄今为止，人类只能向太空发射仪器和实验装备，而不是制造设备。即使那些用于导航和通信的卫星，本质上也只是小型仪器，大如国际空间站，不过是一个存放仪器的空间。

尽管"斯普特尼克号"卫星已经升空60多年，然而，唯有廉价发射技术才能让穿越卡门线成为家常便饭。这里的"廉价"，是指将单位重量的发射费用降到现在的百分之几，接近飞机，如此才有望将工业链条延伸到天上。

尽管还没有任何一种廉价宇航成为主流，至少下面几种方式已经有了点眉目。

02 回到航天飞机

航天飞机？别逗了，谁不知道，自从 2011 年 7 月 21 日"亚特兰蒂斯号"落在美国肯尼迪航天中心，人类就告别了航天飞机时代。除了进博物馆，它们还能去哪里？

确实，从具体原因来看，苏联解体和美国航天飞机退役，让人类航天事业失去了两个最大的推动力。苏联解体的影响不用多讲，没钱就搞不了航天，很多野心勃勃的计划就从此荒废，航天飞机退役又是怎么回事呢？

想当年登月计划大获全胜之际，美国宇航局便开始筹谋航天飞机，他们得说服国会议员拨巨款，于是便告诉议员，让普通人上太空，就是航天飞机追求的目标。每架航天飞机能重复使用 100 次，发射 1 公斤载荷只需要 200 美元。虽然比飞机还是贵了不少，但是比载人飞船便宜几十倍！

事实上，航天飞机在设计时处处考虑到普通人的需求。比如，将发射时的重力加速度限制在 $3g$ 以下，返回时的重力加速度不超过 $1.5g$，这样，没接受过长期训练的中老年人也能上太空。

如果目标全部实现，航天将会发展成常规产业。然而，美国一共制造出 5 架航天飞机，加起来只飞行了 135 次，单位载荷的发射成本一点没减少。反之，人类在宇航中因事故死亡 18 人，乘航天飞机死亡的就有 14 人。不管它本身的技术前景怎么样，美国议员是不会再给它拨款了。

当年之所以制造航天飞机，一个主要目标就是廉价发射。载人飞船都是一次性用品，降落后就只能进博物馆。人们迫切需要能够重复使用的载人航天器。

而且，航天飞机一次能送上去 29.5 吨有效载荷，还能带回 19 吨物资，29.5 吨大于"天宫一号"的重量。在俄罗斯电影《太空抢险》中，美国人派出航天飞机，试图劫持苏联空间站。虽然这件事纯属虚构，但是存在着技术上的可能性。

如果要在太空中发展工业，不仅要把设备和原料送上去，还要带回产品，航天飞机是目前所有航天器的首选。其实，它的中段是货舱，可装运航天器，还有大型机械臂，这已经是一个工厂的雏形了。

加上苏联的"暴风雪号"，历史上只出现过6架航天飞机，但是每架的技术都有所提升。"暴风雪号"最晚诞生，在设计时还借鉴了"挑战者号"的教训，可以靠无人操作入轨，大大减少伤亡的可能。

走进旧货店，看看80年代的冰箱彩电，会感觉到它们和今日家电的巨大差距。可是想一想，航天飞机和它们同时代。尽管运用了当时最好的技术，但是无论材料、能源、电子还是通信，每项技术在30多年里都有长足进步。比如碳纤维，当年只能覆盖航天飞机轨道器的一部分，现在连一次性火箭上都在用，人们甚至可以制造出全碳航天飞机。

失败乃成功之母，每次发射航天飞机的失败，都变成以后设计的借鉴。在空天飞机成功前，重启航天飞机是推动廉价航天的最好选择。

03　飞机发射平台

用多级火箭发射航天器，第一级往往超过总重量的一半，却只能把火箭推举到1万多米的高空。如果用飞机完成这段航程，不就可以减少发射成本了吗？即使载人飞船不可能用飞机来助力，百十公斤重的卫星至少存在这种可能。

1993年，美国用改装的B52轰炸机为巴西发射了一颗资源卫星，这次发射使用了专门研发的"飞马座"火箭，它只有15米长，18吨重，能吊在机翼下面，专用于飞机发射。B52轰炸机上升到1.2万米后抛下"飞马座"，让它自行启动，进入太空。

这一炮打响后，飞机发射优势尽显，它可以在各种普通机场起飞，而不是把航天器运到几个固定的发射场上，它的准备时间远远短于传统火箭发射，据说6名技术人员花两个星期，就能安装一枚"飞马座"火箭。要知道在航天发射费用中，一群高技术人才的工资占相当比例。

自从这次发射成功后，"飞马座"已经完成了几十次发射任务。早期失败较多，现在成功率已经稳定上升，它的发射平台已经从轰炸机改成三星客机，显示了民用方面的潜力。

有了专用的火箭，下一步就是专用的飞机发射平台。毕竟，传统的轰炸机、运输机或者客机，都不是为发射火箭设计的。于是，美国的"平流层发射"公司开始研制专用发射载机，代号"大鹏"。

这架飞机采用了独特的双机身设计，像是一个机翼上串着两个机身，火箭会吊装于两个机身之间的机翼上。"大鹏"的翼展达到115米，尺寸超过运输机"安225"，成为世界上最大的飞机，可以一次装载三枚"飞马座"或者它的升级版"金牛座"火箭，可以把卫星送入3.6万公里的地球同步轨道。

2019年4月21日，"大鹏"完成了不携带火箭的首次试航，大规模的飞机发射技术登上了新台阶。

瑞士人也设计过一个复杂的飞机发射程序，用A300客机搭载一艘无人航天飞机，在万米高空把它释放，等其自行入轨后再"吐出"一枚卫星，然后两架飞机双双返回地面，没有"大鹏"那么夸张，但是也能降低发射成本。

中国在这方面也有准备，即研发一款全球头号水陆两栖飞机，载运量可达到"鲲龙"的数倍，据说这样可以将发射成本降到100万美元一次。

细心的读者会问，飞机发射再简单，仍然只能送仪器上天，而不是送工业设备。其实，飞机发射的价值在于节省传统火箭的运力，火箭现在是"吃不饱"的，一枚运输能力10吨的火箭，往往只让它送两三吨的载荷上天。如果小型航天器发射都转给飞机，火箭就能专注于运输大型设备。

"平流层发射"公司就在设计一款能运载7人的空天飞机，准备用"大鹏"吊到平流层再启动入轨，如此一来，宇航员也可以坐飞机上太空。

04 飞艇发射术

2009年，罗马尼亚工程师研制出一台奇特的STABILO火箭，它不是在发射场上发射，而是用氢气球吊到1.4万米后，在平流层发射。

由于高空大气阻力很小，STABILO火箭干脆放弃气动外壳，让发动机和燃料舱都裸露在外面，看上去就像一串糖葫芦。2009年，这串2吨多重的糖葫芦由一只巨型氢气球吊上半空，完成了发射。

这是飞艇辅助发射的初步尝试，它的思路与飞机发射差不多，都是躲开稠密的对流层，节省了庞大的第一级火箭，只是发射平台有异。

其实，用气球吊着火箭在高空发射，这个思路早在1949年就有人提出过。在罗马尼亚之后，西班牙一家名为"零至无穷"的私人公司也于2018年用气球发射了火箭，他们将火箭用气球提升到2万米才点火，由于大气十分稀薄，这枚火箭可以消减隔热设计，简化结构。

不过，气球运力远小于飞机，所以，这些吊上半空的气球火箭只能发射很小的卫星，并且主要被资源有限的小国所关注。但是，它未尝不能发展成大型航天发射技术，这就要了解什么是临近空间飞行器。

临近空间指20公里到100公里这个范围的超高空，它仍属于大气层，航天器降到这里会受空气阻力而下坠，但空气又十分稀薄，只有极少数火箭飞机能在这里飞行。

不过，古老的飞艇却可以长时间待在这里，于是，各国都试图把飞艇发展成临近空间的专用飞行器。当然，不会是"兴登堡号"那种传统飞艇，而是融合了很多高科技的新式飞艇。充氦的飞艇可以直达3万米高空，并且长期驻留。

美国洛克希德·马丁公司设计了一款临近空间飞艇，能在1.95万米高空飞行一个月。还有一个更大胆的"黑暗空间站"计划，是把一连串的飞艇连接成为两公里长的永久性飘浮平台，定位于3万米高空，里面可以常驻两名乘员，飘浮平台与地面之间靠高空气球进行运输。

目前，这些临近空间平台都用于侦查警戒任务，但是，它们有长期留空的优点，并且成本十分低廉，上面的设备可以回收再利用，所以，未来可以参考这些飘浮平台，设计出永久性的平流层发射场。

在3万米高空，用大量半硬式飞艇组装发射平台，直径上千米，提供上百吨的浮力。平台上有简单设备，可以完成组装和发射任务，甚至能留住工作人员，它并不需要在地面建成再升空，而是一段段升空后，在平流层拼接，然后永远飘浮。如果有什么部件或者哪个气囊损坏，用充气飞艇带着部件替换就行。即使全部损坏，也不过是慢慢降落下来。

执行发射任务时，先从地面把各种火箭部件和燃料分别送上平台，在那里组装，然后发射。每只飞艇送两三吨载荷上去，最终能拼接出十几吨的火箭，达到或者超过飞机发射平台的能力，而成本则非常便宜，可靠性也大为增加。

05 走向空天飞机

上面两种发射方式，都能将飞行与航天结合起来，但是要通过两种工具把它们从外部结合在一起。那么，能不能把它们组装到一架飞行器当中，直接结合起来呢？

在经典太空科幻作品里，"企业号"与"千年隼"这样的飞船都能从地面起飞，直升太空，它们的发动机既能在大气层里使用，也可以在真空中使用，这就是空天飞机的概念。

飞机燃料使用时需要氧气，在缺氧的高空就不能使用。火箭自带氧化剂，但它又不能在大气层里平飞。已经退役的航天飞机仍然要用火箭发动机，只是在返回时以飞机的方式滑翔。未来的空天飞机可以水平地从跑道上起飞，并且全程都有动力。

研制空天飞机，最主要的目标就是节省发射费用。如果空天飞机类似普通飞机，所有部件都能循环使用，就可以大大降低成本。空天飞机还会让庞大的专用发射场退出历史舞台，或许只有为深空宇航服务的重型火箭才有保留价值。

早在1962年，苏联就秘密研发"螺旋号"空天飞行器。由一架高空飞机驮着一架小型航天飞机升空。前者加速到6马赫时，让后者自行入轨。这两架飞机都能自主返回机场。显然，这个设计太超前，当时的技术无法支撑，结果在1969年下马。

20世纪80年代，全球出现一波研制空天飞机的热潮，包括美国的"国家航空航天飞机"计划，英国的"单级水平起降空天飞机"，德国的"两级水平起降空天飞机"，然而都因为技术水平达不到，没有成功。

2010年4月22日，美国发射了X-37B空天飞机原型机，它和苏联的"螺旋号"一样，仍然需要用飞机运载到高空再发射，与理想的空天飞机有差距。不过，X-37B能在轨道上停留两年多，这已经远远超过载人飞船，接近空间站的寿命了。

在中国，空天飞机又被称为跨大气层飞行器。十几年前，中国就开始实验"神龙"无人空天飞机。目前，中国开启了"腾云"计划，和"神龙"计划一样，也是用母机将空天飞机送入高空，再分离启动。

空天飞机可以载人入轨，能运输一定的货物，最可喜的是能从空间站带回产品，降落在机场，所以比前面"飞机打卫星"的要求更高。"腾云"计划中的母机将超过"安225"，甚至"大鹏"，刷新最大飞机的记录，它的起飞重量达到惊人的900吨，已经接近小型军舰。

只有让现在的"子母机模式"进化为单一的空天飞机，这项技术才算成熟，而这就必须研制组合发动机，它能在航空与航天两种模式间切换。届时，即使不用于发射，空天飞机从普通机场升空，进入轨道，再到地球的另一面，也就只用一个多小时，远远短于目前的民航客机，可以让跨洲旅行与国内飞行一样短暂。目前，西安航天动力研究所正在研制这种发动机。

只有靠空天飞机从太空中运回产品，前面提到的高纯度药物、稀有合金之类的产品才有量产的可能，空天飞机肩负着太空工业化的重任。

06　大炮也能发卫星

1687年，牛顿在《自然哲学的数学原理》中推算，如果用一门大炮把弹丸加速到每秒7.9公里，它将摆脱地球引力，环绕地球运转。

牛顿只是做了一次脑力畅想，并没有认真看待这一前景。到了19世纪，火炮技术突飞猛进。凡尔纳便在其名作《从地球到月球》中，描绘了"大炮发射航天器"的前景，辅助以十分细致的工程学描写。

苏联的齐奥尔科夫、德国的布劳恩、美国的戈达德，这些航天科技先驱都声称，他们受到这本书的启发，才投身航天事业。正是这些人给宇航技术打下了基础，然而他们都没有使用小说中描写的大炮发射法，而是使用了多级火箭。

1957年8月，美国洛斯阿拉莫斯国家实验室在深井里进行地下核试验，并用10厘米厚的金属盖密封井体。爆炸时，核爆当量远超计算，井盖被冲击波送入太空。事后有人计算，井盖初速度可能达到每秒56公里，远超第三宇宙速度。不过，由于它没有横向速度，最终还是会被地球俘获，坠落地面，只是没人知道这口井盖落在了哪里。

这次偶然失误完成了凡尔纳的梦想，然而，很少有20世纪的工程师认真地讨论大炮打卫星的想法。只有加拿大人布尔是个例外。

这位火炮专家从研发军用火炮出道，由于帮助美国和加拿大改进火炮，布尔获得了很多资源。于是他便在巴巴多斯岛建立了大炮实验基地，想把大炮打卫星的设想变成现实。在一次实验中，他曾经把190公斤重的弹丸发射至180公里的高空。据计算，这种大炮能把100公斤重物送到4000公里高空，已经到达地球高轨道。

布尔大炮发射专门研制的小型火箭，配有发动机，希望它能在高空启动，进入地球轨道。由于过载太大，炮弹里面的发动机都在开火时便损坏了。

不能用于发射，布尔便希望这种大炮用于战争，一来能击碎敌人的卫星，二来能将炮弹打到上千公里外，代替中程导弹。中东强人萨达姆看上这个计划，请布尔到伊拉克研制。布尔也因此惹下大祸，被以色列间谍杀害。海湾战争结束后，美军还在伊拉克境内找到了超级大炮的炮筒。

又过了30年，整体的技术提升或许能让大炮发射火箭再度复活。不过，与前面所说的电磁轨道发射不同，大炮发射时过载太高，不能用于发射精密仪器设备。只能发射水、食品、推进剂这些消耗性物资，它的价值也在于此，一炮发射100公斤有效载荷，最多只花几万美元。

弹丸出膛时，初速度能达到每秒十几公里，受空气摩擦逐渐减速，飞过卡门线后仍然高于第一宇宙速度。弹丸在高空启动发动机调姿，横向入轨。弹丸表面要包敷隔热层，承受大气摩擦产生的热量。

如果参观大炮发射，会看到一颗流星倒飞回天上！弹丸入轨后，隔热层已经烧尽，残余部分被抛掉，里面的储物芯管自动张开，由空间站接受。

即使一天只开一炮，这种技术的频率也远超传统火箭。后者的运力可以节省出来，运送更多生产设备和精密仪器。

07   火箭依旧有潜力

上面每一项突破，都像是给传统多级火箭的棺材上钉一颗钉子。不过，火箭仍然能够老树开新花。

传统火箭都是多级火箭，随着技术能力的综合提升，人们正在研发单级入轨火箭，它的优点在于可回收，能够重复利用。

目前的航天发射中，推进剂在质量上占大头，但要换算成费用，却只占1%左右，用过就扔的火箭才是主要的浪费部分，一旦做到可回收，这部分发射费用将大大降低。

2015年12月21日，SpaceX公司的"猎鹰9"被成功地从太空垂直回收，开创了历史。当然，火箭回收后还得进行维修才能再利用，这方面的成本至今不详，但总会比只能一次性使用要便宜得多。

在这次成功之前，"猎鹰9"最后一次在大气层里实验，是飞行到1公里高度再回收。2019年3月27日，中国民营公司"翎客航天"也实现了这个距离上的火箭回收。

传统运载火箭之所以庞大，在于多为液体燃料火箭。核导弹则只有几十吨，可以由特种车辆运输，原因是使用固体燃料。所以，核大国都有将固体火箭转用于发射的计划，以减少费用。

俄罗斯曾经拥有世界最多的洲际导弹，军控之后面临着如何处理的问题，他们计划将其中一部分进行改造，发射民用卫星。日本固体火箭"艾普斯龙"发射成功，将费用下降到3000万美元。中国的快舟系列火箭可以在特种车辆上发射，已经不使用发射场。

美国民间公司"ARCA"更计划推出世界首个单级入轨火箭，把费用一举降到百万美元。

上面所有这些技术都可以令发射费用锐减，并非哪种会成为主流，而是齐头并进，共同取代笨重的传统多级火箭。只有将每公斤发射成本降到数百美元之内，太空资源开发才能真正开始。

至于很多媒体都在谈论的太空电梯，我不认为它真会实现，技术上当然可行，但初期建造的费用便等于美国多少年财政收入的总和，而上述技术都在航天大国承受范围内，甚至，不少民营公司都跃跃欲试。

正是由于费用高昂，种种太空工业设想都不能落到纸面上。一旦突破了某个价格线，我们将会看到第一座太空工厂诞生于天际。

至于这些工厂的产品，最初一批会主要供应地面，所以需要航天飞机或者空天飞机。另外一部分则用于在太空中开发替代品，如水和金属，以减少地面的补给压力，这部分产品无须回到地面。

随着太空工业的发展，大宗消耗品将不再由地球供给。天地运输的主要内容会是精密仪器、生产设备，以及部分太空产品。所以，地球对太空工业的支持，主要体现于最初一段时间。换算成总运输量，可能在1万吨左右，把这么多物品送上天，太空工业才能奠基。

接下来，天地之间会形成贸易平衡，再往后，太空工业自给自足，并且反哺地球，到那时，天地运输的成本将不再是个问题。人类会从太空中找到足够能源，支持这个运输体系。

$\it{08}$ 更多的卫星，更少的垃圾

如果发射价格降低，发射能力就会相应提高。美国甚至有计划，让前线每个士兵都能使用卫星，民间更有少则千颗，多达万颗的各种"星座互联网"计划，它们都必须以廉价发射技术为基础。

很多人看到这个远景，第一时间想到的不是技术飞跃，而是更多的太空垃圾，它们有报废的卫星，有末极火箭，有它们之间碰撞后形成的更小的碎片。

到目前为止，近地轨道已经形成了50万块太空垃圾，现在还有1万多块残留在轨道上。由太空垃圾碰撞而导致事故，已经从科幻片情节变成了现实。

早在1983年，美国"挑战者号"航天飞机就被一块0.2毫米的碎片划伤舷窗，不得不提前返回。1986年，欧洲一枚"阿里亚娜号"火箭入轨前被太空碎片撞击炸毁，残骸还导致两颗日本卫星受损。从那时起，太空垃圾导致的事故就经常发生。

设想一下，人类历史上所有沉船如果都浮上水面，可能很多江河湖海都不能航行了，如今太空中就面临这个局面。太空垃圾本身不大，都收回后堆起来，也装不满一艘大型货船，但是它们的速度比子弹快几倍，这才是危险所在。

有鉴于此，中国于2016年发射了"傲龙一号"空间碎片主动清理飞行器，这是世界上首个太空垃圾收集卫星，它靠近目标后会伸出机械臂来抓取，把碎片放入储存箱，在适当时候将储存箱推入重返大气层的轨道，让它们烧毁。

日本也发射过"鹳6号"货运飞船，上面搭载一根数百米长的电磁装置，用它吸附太空碎片。欧空局的太空垃圾清理卫星将于2025年升空。

清理已有的垃圾固然是好事，新生成的怎么办？其实，今天发射一颗气象卫星，明天发射一颗导航卫星，这是传统的航天发射模式。这些卫星有不同的轨道，不同的支持系统，然而，它们无非就是一台台仪器，为什么不集成起来，放到某个庞大的综合科研平台上呢？

这种无人科研平台不同于空间站，内部完全不安排人类活动的空间，也不需要复杂的生命维持系统，它们就是长期在轨的大型平台。一颗新卫星升空后，与这些科研平台进行主动交汇对接，嵌入支架，如此一来，卫星还可以节省太阳能电池板，由科研平台上的电池板统一供电。

如果某颗卫星到了预期寿命，科研平台还能将它们推送到再入轨道，在大气层里焚毁，以防止成为太空垃圾，空出的对接位留给下一颗卫星。

这种无人科研平台的设想迟迟没有实现，一大原因就是卫星生产现在还没有实现标准化，而是更像古代手工作坊，每颗都要重新设计，重新制造，卫星上也没有装备功能接口，所有的东西都需要逐一改造。不过，当几十倍的发射任务出现后，建造综合平台也将提上日程，否则再过几十年，太空碎片会多到让人类无法发射卫星的程度。

09　征服"距离的暴虐"

观众从新闻里看到的火箭发射，都在用化学火箭，喷烟吐火，好不热闹，但只能燃烧十几分钟。

将来要占领深空，必须使用等离子体发动机，简称电喷火箭，其原理是用洛伦兹力将带电原子或离子加速通过磁场，向后喷射，驱动航天器前进。至于电的来源，可以使用太阳能电池，也可以使用核电。

电喷火箭用起来没有化学火箭那么夸张，推力很小，现在的实验机只能吹起一张纸，但是可以长时间加速，类似于踩油门踩上一整天。由于宇宙空间没有摩擦力，很微小的加速度积累起来，也会让飞艇达到极高速度。

电喷火箭的技术目标是将飞船速度提高到现在的10倍以上，往返火星一次的时间缩短到40天内。由于能源转化率高达80%，电喷火箭只需要化学火箭几十分之一的推进剂，就可以产生同样的速度增量。

可以说，没有电喷火箭，人类就谈不上到深空开发资源。以1997年发射的"卡西尼号"土星探测飞船为例，它的目标是十几亿公里外的土星。为达到足够速度，飞船两次经过金星，还飞回到地球附近，又经过木星，都是为借这些天体的引力加速。结果全程长达35亿公里，也只是把速度增加到每秒30公里，耗费7年时间才到达目标。

这种深空飞行，相当于古人用帆船借风渡海，必须等待时机。如果使用电喷火箭，进入深空就不必折腾，目标在哪里，直接飞到汇合点就行，不用考虑"引力弹弓"，或者什么"大冲"，随时启航，耗时就像现在乘机械船只横渡大西洋。

然而，电喷火箭推力极小，连自己都不能送上太空，必须由化学火箭把它发射出去，在轨道上组装后再启动。

现在，地球轨道上还没有发射站，电喷火箭只能为小型飞船调整航线，不能大幅度加速或减速。在轨发射平台建立后，大型电喷火箭就能和有效载荷组装起来，再点火启动。这样，电喷火箭能将几十吨、几百吨的飞船加速到每秒上百公里。

美国宇航局在"小行星重定向任务"中，便计划使用太阳能电喷火箭，将推进剂使用量从200吨减少到10吨！这可是质的变化。

除了电喷火箭，提升飞船速度的方案还有太阳帆计划和电动帆计划。尤其是电动帆，它能形成强磁场，反弹太阳发出的带电粒子，借其反作用力飞行。同质量的电动帆和化学火箭相比，速度增量提升1000倍！

不过，这两种帆要靠太阳释放的能量推进飞行，只能从太阳系的里层外飞，接近目标后，还要靠其他方案减速。另外，很大一张帆只能带动很小一点载荷，机动性能不如电喷火箭。至少从中期来看，电喷火箭还是最好的提速方案。

"距离的暴虐"是天文学的一个梗，意思是天体之间距离之远，令人感到绝望。不过，物理距离不变，心理距离则与技术成反比。曾几何时，茫茫大洋也存在着距离的暴虐，但被人类克服了。电喷火箭将帮助人类跨过星际距离这个难关。

10 特种飞船远在前方

无论是载人飞船还是空间站，理论上都只有科研用途。太空工业革命后，会出现大量为工业服务的特种飞船，首先便是太空驳船。

开发太阳系，有时候追求的不是速度，而是运载量。太空驳船的任务就是把大量物资从一个天体运往另一个天体，可能是人员、贵金属、固体氢和二氧化碳，或者仅仅是水冰。

在科幻片《异形》第一集中，人类飞船载着3000万吨矿石返回地球，由此开始了一个漫长的电影系列。跨越恒星际运一堆矿石，肯定不经济，但这个设定也有部分合理性。地球有重力，建不出能运载3000万吨货物的船，在零重力的太空中却不是太难。

太空驳船没有动力，仅仅是一个超大型金属容器，结构非常简单。制造长1000米，宽和高各100米的金属容器，就能获得1000万立方米的容量。当然，结构再简单，也要有隔舱、居住室、设备间这些部分，扣除它们，至少有八九百万立方米容量，仅仅装运水，就够小型太空城用一年。

有驳船就需要拖船，它们是专用制动飞船，本身是个携带推进剂的巨型电喷火箭，除了导航、对接太空驳船和生命维持系统，基本没有其他功能，它们的作用就是对接太空驳船，把后者引导到必要的航线上，同时给予加速。

完成任务后，制动飞船与太空驳船脱离，让后者沿惯性飞行，自己返回去牵引其他驳船。太空驳船到达目的地，自有另一批制动飞船飞过来，牵引它们靠泊。

太空驳船前后左右会有很多对接口，它平时就待在各种天体轨道

71

上。由于结构简单，技术简单，太空驳船可以批量生产，满足太阳系各天体间运输的需要。如果是运输材料、食物、药品、氧气和水这些大宗物资，速度不需要很快。让几百万吨物资在太空中飘行一年到达目的地，经济上并不是问题。

如此巨大的太空驳船，当然无法在地面上建造，甚至从地面提供建筑材料都不合算，它的全部材料都来自金属小行星，比如灵神星，那里将开辟为大型太空造船厂，加工好的金属直接用于制造太空驳船，再飞向太阳系各处。

在狭窄的航天器里面，能量密度高的核动力拥有很大优势。现在航天器上有同位素温差发电器，就是利用核裂变产生的能源，但功率很小，只能给小型航天器供电。

每艘制动飞船都会达到小型空间站级别，内部空间很大，可以安置大型反应堆，功率达到几十兆瓦，是现在国际空间站能源的数百倍，这样的能源水平才能驱动巨型驳船。另外，在地球轨道上使用核裂变技术，人们会顾虑航天器掉下来污染地面，远在深空则不用担心。

工欲善其事，必先利其器。从地面到深空，一系列新式飞行技术会让太空工业拥有扎实的基础。

微信扫码领取【科普小贴士】

未来社会展 ｜ 科幻作品馆
职业排行榜 ｜ 笔记小论坛

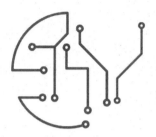

第五章 "地卫二" 计划

喜欢宇航的朋友经常被移民火星，或者在月球建基地这类梦想所激励，然而，太空给人类提供的第一块踩脚石可能要小得多。人类早就知道它们的存在，但直到几十年前，才能真正地找到它们。

不过，展望几十年后，这些小家伙可能诞生出人类第一批太空基地。它们是谁？它们在哪里？本章就要给你解开这个谜。

01 再对流星许个愿

仅凭地球资源，支撑一个地球工业体系已经很吃力，难道还要再支撑一套高消耗的太空工业？虽然数不清的宇宙开发计划都是这样安排，但它显然不是最佳选择。只要最初一批生产设备升空启动，人类就得在太空中寻找替代资源，减少对地球的依赖。

太空开发的首站既不是月球，也不是火星，而是鲜为人知的近地小行星。

地球附近飞舞着许多石块和金属块，它们一旦进入大气层，就会挤压前方空气，产生高热，在天空中划出美丽的弧线。

天文学家早就知道流星的本质。1976年3月8日，一颗陨石飞入吉林省永吉县上空，解体爆炸，最大的一块残片撞击地面，形成蘑菇云。截至当时，这是历史上被人类目击到的最大的一次陨石撞击。科学家在撞击点找到重达1770公斤的标本，它的照片登上各大报刊，并附有不少科普文章。

正是那一年，我从这些报道中知道陨石的来历。很长时间我都以为，科学家那么有本事，肯定早就能看到这些近地小行星。后来我才知道，由于望远镜功率不够，天文学家虽然知道它们的存在，却一直无法直接观测到它们。

小行星进入大气层，也就意味着生命的终结。所以，必须在轨道上观察到它们，才能谈得上加以利用或者予以摧毁。这些天体太小，但是它们吸收太阳辐射变热，在红外波段观察时比在可见光波段观察时更亮，所以，通过红外望远镜更容易看到它们。

小行星和大行星一样，都要围绕恒星旋转。几十亿年前，太阳系里到处都是小行星。经过无数次撞击，小行星纷纷被大行星吞并，剩下的越来越少。截至目前，人类一共发现128万颗小行星，其中90%集中在火星和木星之间的一条轨道上，它们的体积都加起来，只有月球的1/3。

对这些小行星，人类早在1901年便观察到了它们中最大的一颗，并将其命名为谷神星。但是对于近地小行星，也就是自身轨道与地球公转轨道交叉的小行星，直到1989年才观察到第一颗。

到现在为止，人类发现了超过16万颗近地小行星，大的直径有几公里，小的只是一块大石头。这些近地小行星体积更小，全部堆在一起，大致相当于一条喜马拉雅山脉。

这么小的体积，从天文学角度来说几乎不值一提。由于这些小行星在人类面前现身过晚，所以几乎不被公众所重视，人类开发宇宙的舆论热情还集中在火星或者月球这些大型天体上。

然而，前沿科学家最为敏感，他们意识到，研究近地小行星才是人类在太空中走出的第一步。2010年，美国就制订出"小行星重定向任务"，想把一颗小行星拖到绕地球的轨道上。

如果小行星轨道与地球轨道之间最小距离不足0.05个天文单位，也就是745万公里，就要被科学家标记为有撞击风险。然而，也正是由于小于这个距离，这些小行星更方便被人类捕获，变害为宝，这就是本章的内容。

以后再看到美丽的流星，我们要许愿宇宙开发事业能踩着近地小行星走向辉煌。

02 这才是人造卫星

2017年，美国政府终结了奥巴马时代提出的"小行星重定向任务"。此前，美国宇航局已经开始对宇航员进行水下训练，让他们掌握在失重状态下登陆小行星的技能。

箭都搭在弦上又被取下，确实非常可惜。计划被取消的理由有很多。与从远古就陪伴人类的月球相比，最近才被观察到的近地小行星不受重视。普通人并不知道抓获一颗小行星，比登陆月球要难得多，会让航天技术迈进一大步。

"小行星重定向任务"是宇航界到目前为止最大胆的方案，它要从几万颗近地小行星里选择一个目标，先派无人飞船靠上去，把它抓捕，改变其天然轨道，使它移动到月球轨道上，然后再派宇航员登陆这颗小行星。

由于地球只有月球这么一颗天然卫星，这个计划相当于制造出"地卫二"。一旦成功，这将是人类首次改变天体运行轨道。

当然，第一次做这种事，目标不会定得很大。该计划最初想选择某颗500吨以下的小行星，后来发现这么小的天体直径只有几米，从前期观察到实现伴飞都很困难，于是就把目标改成某颗直径数百米长的小行星，希望从小行星上面拿下一块石头，带到月球附近再放飞，实际上是造出一个人造天体。

为什么控制小行星的难度大于登月？首先便是距离远，很少有近地小行星会进入月球轨道以内，而值得抓捕的目标离地球最近也有几百万公里。这个计划最初是想把载人飞船送去与小行星汇合，由于距离太远，才改为先用无人飞船把它们拖过来。

要知道，除了载人登月，全球所有其他载人航天计划都不超过2000公里的中轨道。一下子跑到几百万公里外，相当于把这个世界纪录提升几倍，所需时间和给养都要几倍地增加。

其次，小行星是"非合作目标"。不像两艘飞船对接，或者飞船与空间站对接，双方会主动向对方靠拢。即使目前人类已经能用飞船维修卫星，也是针对外形规整的人工物体。小行星不仅不合作，而且飞行轨道复杂，形体各异。

要飞到它身边，并且把速度和方向调整到伴飞状态，需要大大增加飞船机动性才行。这对于飞机来讲无所谓，但对于每秒10公里以上的飞船，稍有失误就会擦肩而过。

以"嫦娥二号"近距离观测图塔蒂斯小行星为例，它的直径只有4公里，飞船却以每秒10.2公里的速度掠过，比公路上两车交错还要快。

接近困难，抓捕更困难。小行星完全不受控，只能靠飞船自己调整速度和位置。小行星几乎零重力，在它表面稍一用力，飞船自己就会弹开。除了公转，小行星还在自转，对接之后，弄不好会把飞船甩开或者缠住。至于改变它的轨道，更是史无前例的难题。

既然这么困难，人们又为什么要给自己挖坑？因为相对于运送地球物资上太空，把小行星拖过来要经济得多。

就以"小行星重定向任务"为例，最初想把500吨的天体拖入月球轨道，成本24亿美元。国际空间站目前总重420吨，人类花了1600亿美元和20多年时间，才把这么多物质送上400公里的轨道上。两相比较，就知道拖拽小行星似难实易。

便宜是便宜，把小行星弄过来有什么用呢？

03　金属盛宴

古人最早使用的铁就是陨铁，一份来自近地小行星的礼物。踩着这个简陋的技术台阶，我们才走到了今天。不久，我们的后代会向先人致敬，继续使用天上的金属。

太空中为什么会有金属材质的小行星？这要从它们的产生过程讲起。太阳系刚形成时，星云逐渐凝聚成几百个"星子"，它们呈融熔状态，金属物质比重大，就往内核沉降下去。如果两个星子撞到一起，四分五裂，内核就会暴露出来，甚至变成金属碎片，成为小行星。

金属小行星并不多，估计只占总量的4%，但是价值十分惊人。以编号为"2011 UW-158"的小行星为例，直径不足1公里，却含有1亿吨铂，而它离地球最近只有240万公里。人类已有的几次小行星探测，汇合点都比这远得多。

铂有什么工业用途呢？它是一种化学稳定性非常高的金属。理论上讲，可以制作化工工业的反应容器。可是到现在化工业都没这么做，因为铂在地球上含量比金还少，根本不可能用来制作大罐子。但是，拥有"2011 UW-158"以后，人类可能会像使用铝那样普遍使用铂。

什么？地球上的铂价会因此崩溃？要知道，铝刚被发现时，价格也高于黄金。如今它的价格早就"崩溃"了，好像对人类也没造成什么不利影响。

实际上，金属小行星都不只包含一两种金属，而是混合的金属疙瘩，每拖一个过来，就能满足太空工业很长时间的原料需求。

国际上有个小行星数据库，包含着60多万颗小行星的资料。如果是金属小行星，数据库就会用地球金属价格来折算这些金属的价值。其中有814颗金属小行星的价值超过100万亿美元！是每颗的价值，还不是全部的价值，这些金山银山就在茫茫太空中向我们招手。

这些金属如果在地球上，可能并不值钱，但如果用它们在太空中替代地球金属，其价值就尽显无疑。只要移动来一颗直径数百米的金属小行星，总质量就远远超过人类历史上发射的所有航天器中的金属。

掌握几颗类似"2011 UW-158"的金属小行星后，人类太空开采技术就会成熟。到那时，我们将远征灵神星，一个终极金属宝藏！

灵神星是远古时代某次大撞击的产物，也是太阳系里最大的金属小行星。按市值估算，灵神星的金属总价值约为一千万万亿美元，数不清究竟有多少个零？没关系，知道它很值钱就行。宇宙开发头几个世纪的金属需求，可能都通过它来满足。

灵神星质量巨大，人类无法把它拖过来，也没必要这么做。用金属近地小行星练过手以后，人类到那时已经掌握了低重力环境下的靠泊技术，人类可以派出大型飞船，直接在灵神星上建设冶炼厂，再用太空驳

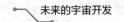

船把金属产品运往太阳系各处。

04 天上的水库

小行星贝努直径500米，每6年接近一次地球。科学家研究它的重点不是体积，也不是撞击地球的可能性，而是在它上面发现了水的痕迹，据研究，这些水就封固在岩石里。

地球上的水大多是远古时代的小行星带来的，所以，发现含水小行星并不令人惊讶。小行星上没有空气，不产生对流，表面吸收的热量很快辐射到太空，所以，如果在阳光照射不到的内部存在冰，就会保存亿万年。

小行星分为石质、碳质和金属质等几种，其中碳质小行星占总量的75%，并且经常会含水。一颗贝努级的小行星，内部可能封存有几百吨冰，全都融化掉，装不满一个游泳池，但是反过来想想，把一个游泳池的水送到太空，人类要花多少钱？这么一比较，便知道从小行星取冰的价值。

这些水除了供太空中的人类生存，还可以用来开发太空农场，种植基本作物。这些水的另外一个用途是电离后分解出氢和氧，这些含水小行星就是火箭推进剂的原料库。

在地球附近学会采冰以后，人类就可以远征谷神星，近一个世纪内，它都是宇宙开发事业的总水库。

人类远在1801年就观察到了谷神星，直到最近，天文望远镜在它表面观察到亮点，科学家才意识到那有可能是冰。等到2015年美国探测器"黎明号"近距离观测之后，才确定它的总质量中40%都是冰。全部融化后，几乎等于地球的总水量。

只不过，这些水基本都以冰的形式封存在地表之下，不容易被发现，也正是由于封存地下，它才不会被阳光照射后升华而散失。

难道我们要派飞船降落下去，在谷神星上钻井，再把一块块冰搬上来？并不需要这样。谷神星没有大气，冰见到阳光就气化，谷神星质量太小，逃逸速度只有每秒0.51公里，只要气化后蒸气速度超过它，就能直接喷上太空。

人类之所以知道谷神星上有冰，是发现了一些叫作"冷阱"的地方，这是深井状的地形，太阳永远照不到里面。人类在轨道上展开巨大的太阳镜，朝"冷阱"深处照射，冰就会直接升华后喷出来，形成水蒸气，只要水蒸气喷发速度超过逃逸速度，就会进入太空。人类可以预先在那里安排好巨大的幕布，将水蒸气截留，直接冻结。

如果"冷阱"的宽度不够，还可以使用宇宙工程弹来爆破，在谷神星表面撕开大口子。氢弹辐射极小，不用担心取到的冰遭受污染，甚至可以用氢弹做定向爆破，可以将直径数百米到一公里的冰块迸上太空，变成小行星，再利用小天体重定向技术，把它们俘虏到人类可以使用的地方。

从谷神星采到的冰会装上太空驳船，运往太阳系各处工地。在到达木星系之前，谷神星就是太阳系的总水库。

05   天然空间

近地小行星的尺寸在天文学上毫不起眼，但是，如果让人类从地面朝太空发射一个长几百米、重达几百万吨的物体，100年内恐怕办不到。相比之下，将这么大一颗小行星变成天然飞船，却很有可能在21世纪内实现。

从内部结构上看，近地小行星可分为两种。一种是单体小行星，远古时代天体互相碰撞，一块完整的石头变成小行星飞出去，就形成了这种单体小行星。另一种是堆状小行星，是两个或者更多小行星被引力"粘"在一起，远看是个整体，近看却不牢靠。日本飞船探测过的"龙宫"小行星就是如此，它有900米长，其南极有段长100米左右的岩石，就是后来吸附上去的。

要把小行星改造为天然飞船，得选择单体小行星，因为它在改造过程中不会解体。人类登上这类小行星后，可以用集热光纤进行切割，从里面掏出有用空间。切下来的碎石正好可以用于改变小行星轨道，把它们按照预定方向抛出，反作用力就把小行星推往另一个方向。

一艘几十吨重的飞船载上宇航员，带上工具和补给，在这种小行星上工作一段时间，就能挖出上千立方米的空间。

在地面上的山体打洞，时时面临坍塌和透水问题，经常有工人死难的事故发生，但在几乎零重力的小行星上，切割下来的石块就悬浮在空中，毫不危险。科学家曾经在空间站上做过实验，一个人在零重力环境下，最多能移动700公斤物体，所以，这些石头只需徒手移走，不用起重机。

人类开发宇宙的早期，人造空间十分难得。国际空间站耗资1600亿美元，才创造出916立方米空间，把这1600亿美元换成黄金，也要填满145立方米的空间，1立方米黄金差不多换6立方米空间。

但是，从小行星里掏出几十倍的空间，再把它拖到地球轨道上，花的钱要少得多。实际上，主要花费用于把它拖过来，而不是在它上面打洞。

小行星的空间十分重要，没有这么大空间，就无法容纳工业设备，首批太空工厂可能主要放在小行星里。近地空间强烈的阳光会导致设备老化，更不用说宇宙间还有强辐射，而在小行星上挖掘使用空间，可以保留十几米到几十米厚的洞壁，把阳光和射线屏蔽在外面。

近地小行星究竟有多大尺寸呢？被称为"毁神星"的阿波菲斯小行星长350米，重6100万吨，长度相当于航母的长度。

日本"隼鸟号"探测过的"糸川号"小行星，长约540米，宽约300米，体积超过世界最大单体建筑"成都新世纪环球中心"，把它拖过来的话，可以在里面建设很多工厂和实验室。

"嫦娥二号"探测过的图塔蒂斯小行星，长4.46公里，宽2.4公里，把它拖过来的话，足够改造为太空城！

有些小行星不用拖到地球附近，而是让它们留在深空轨道上，挖出内部空间，作为飞船深空飞行时的通信站和补给站。

06 速度也是宝

小行星为什么能给地球造成危害？原因是高速运动让它携带巨大的动能。导致通古斯大爆炸的那颗陨石，据分析只有60米长，体量差不多相当于四川省的乐山大佛。想象一下，如果把乐山大佛加速到每秒10公里，再让它撞击地球，释放的能量就相当于2000万吨TNT！

当然，人类还没有能力把乐山大佛加速到这么快。小行星携带的动能，来源于几十亿年间无数次引力加速，或者互相撞击带来的动能。当我们仰望星空时，要知道那里有几万颗炮弹正在飞舞。

然而，如果能控制这份动能，就能让它造福人类。未来太空开发事业当中，把小行星当炮弹来利用可以办成许多事情。

最简单也最为切近的功用，叫作"以石击石"，如果某颗小行星对地球产生威胁，可以用更小的小行星把它撞离原来的轨道。

在危险小行星上搞爆破，听着简单，操作复杂。即使成功爆炸，也可能把小行星炸成一堆碎块，相当一部分仍然按照原轨道冲向地球。把危险小行星作为一个整体撞离原来的轨道，是现在的首选技术。

当然，人类也可以发射无人飞船去撞击小行星。早在2005年7月4日，美国无人飞船"深度撞击号"就以每秒10公里的速度撞上"坦普尔二号"彗星。2019年，日本的"隼鸟二号"也向"龙宫"小行星发射了金属弹撞击器。这说明人类已经掌握了接近和撞击小天体的技术。但由于质量相差悬殊，这两次撞击都几乎没改变目标天体的轨道。

这两次撞击的任务是激发出目标天体上的物质，进行检测分析。欧洲空间局的"双小行星重定向任务"却把改变轨道当成重要目标，他们的理想实验目标是"迪蒂莫斯"双小行星，这是两颗互相绕行的小行星，一个直径约780米，一个直径约160米。航天器将先撞击较小的那一颗，以检测变轨效果。

相对于几十米、几百米长的实心小行星，人类的飞船质量太小，撞击后只能造成微小的轨道改变。对此，中国科学家提出了更好的方案，就是派飞船捕获一个更小的小行星，或者在目标天体上挖石头，与飞船组成撞击联合体，一起撞击目标天体。一艘小飞船最多几吨重，却能装载100多吨石块，成为沉重的炮弹。

中国科学家以小行星"阿波菲斯"为目标进行计算，直接用飞船撞击，只能让其轨道偏转176公里。如果用"撞击联合体"撞击，可以偏转1866公里。

把飞行中的小行星变成撞击物，这种技术一旦成熟，就不再限于排险，未来的宇宙采矿、改造火星等工程，都要运用这项技术。比如从谷神星上取冰，就可以先驱使一颗小行星砸开石质表面，将冰层暴露出来，然后取冰。

07 怎样靠上去？

小行星有这么多宝贝，但它们的飞行轨道十分复杂，不是月球那种显而易见的目标。人类能否飞过去，再靠上去？

1991年，美国"伽利略号"探测器掠过951号Gaspra小行星，这是人类第一次控制航天器主动接近一颗小行星。从那以后，人类相继攻克了"接近"和"绕飞"两道难关。现在，"飞过去"已经不是问题，下一步的难关是如何落下去。

2005年，日本"隼鸟号"飞船成功地在"糸川号"小行星上取样，并于5年后带回地球，但它也没有降落在小行星表面，而是慢慢贴近，向"糸川号"发射子弹，砸下一些碎片，再从太空中收集。

正因为只能"间接取样"，"隼鸟号"只带回1克多样品，而在壮志未酬的"小行星重定向任务"里，美国宇航局要从小行星上挖一块几吨重的石头，那是必须要降落才办得到的事。

彗星个头普遍大于小行星。2014年11月13日，在离地球5亿公里外的地方，欧洲空间局的"罗塞塔"彗星探测器释放出"菲莱"着陆器，成功登陆代号为"67P"的彗星，为航天器在小天体上着陆积累了经验。

小行星的重力很小，宇航员在上面踩一脚，都能把自己反弹回太空，所以，面对像"67P"这样有几公里直径的小天体，一般要先发射锚钉。锚钉是由炸药推送的钉枪，锚钉射入小天体表面后，里面的延时装置膨胀开来，塞住洞孔，让它卡在那里。连续射入几个锚钉后，飞船就会拴在小天体上面。

对于直径几十米、数百米，而且需要捕捉作业的小行星，还可以使用"绳网飞行器"，这是中科院空间中心王彗木等人设计的方案。绳网飞行器本身是一张方形大网，在它的四个顶角上安放小型飞行器。飞船临近小行星时，把"绳网飞行器"放出去，这些小飞行器以编队飞行方式把整张网打开，兜住小行星，再在另一端汇合，并且互相锁闭，网住整颗小行星。

这样还不算完，飞船还需要发射机械爪，抓住这面绳网，这才算完成飞船与小行星的对接。整个过程分两步进行，是为了防止因操作不慎，小行星拖着飞船乱滚，造成危险。

飞船能够靠上去，宇航员又如何踏上小行星呢？答案是用锁扣扣住这面绳网的网线，每走几步，再把锁扣解开，扣住前面的网线。如果需要往小行星上安装科研仪器或者机械设备，也需要想办法把它们固定在绳网上。

要改变小行星轨道，并且消除它的自旋，就必须在上面安置姿控发动机，而且可能不止需要一台。直径数百米的小行星，至少需要把几台电喷火箭安放在不同位置，这就需要在小行星表面钻探出大型孔洞，将发动机置入小行星体内。

由于在小行星上几乎是零重力，所以无法实施钻探作业。想打开小行星表面，最好使用集热光纤，它可以把高能光束深入到小行星内部，进行切割。

08　如何拖回来?

"总有一天,人类将像学会骑马一样,骑着小行星去旅行!"

这是齐奥尔科夫斯基的名言,要实现它,我们不仅要抓住小行星,还要改变它的轨道。

小天体本身就在高速运行,人类只要施加小小的外力,就能改变它们的轨道,让其飞向预定位置。美国有个由科学家、航天员组成的机构,名字叫"B612基金会",专门讨论如何应对小天体撞击地球的问题,他们认为,改变小天体轨道最可行的办法,就是用万有引力这根虚拟的绳索牵动它们。

届时,人类派出大型飞船与目标小天体构成双星系统,再调整飞船本身的轨道,经过一年半载的调控,就可以把目标天体带出危险轨道。

另一种设想是在小行星表面挖洞,然后不断把石头抛往某个方向,根据作用力与反作用力原理,小行星就会偏向相反方向。还有一种类似的设想是用激光不断烧蚀小行星,让它的表面成分变成蒸气喷出去,这样反作用力就会压迫小行星改变轨道。

不过,这些技术的目标只是让小行星偏离原来的轨道,所耗能量很小。如果要让它们进入人类所要求的轨道,只能把大功率的电喷火箭安装到小天体表面,把这些天体改造成飞船,进行长时间的姿态调整。

要想实现这些目标,需要把小行星拖拽到什么位置呢?地球轨道绝对不安全,小行星稍有变轨,就会砸向地面,引火烧身。

在地球附近,小行星最安全的存储位置是引力平衡点。其中,地月平衡点共有5个,目前以L2点最受重视,它离月球6.5万公里远,中国"嫦娥四号"的中继星就在那里,美国计划中的月球空间站也要发射到那里。

当一颗直径数百米的小行星被拖入地月L2点,变成"地卫二",人类驾驭自然的能力就得到了提升。L2点虽然称为"点",其实空间相当大，将来，此处会是成矿天体的集中地，它们被拖到那里，就地开发。

前面说过，近地小行星撞击是地球可能会面临的重大威胁。目前，人类发现直径大于200米的危险小行星共计32颗，一旦掌握重定向技术，首先要抓捕它们，投入这个引力牢房，如此可保21世纪内人类不受陨击威胁。更大的小行星会在较远的未来逼近地球，到那时，人类已经能控制直径超过1公里的小行星，可保长期无忧。

当人类完全掌握了小行星开发术，并且拥有电喷火箭，还能把航天器加速到每秒100公里以上，就可以进入火木之间的小行星带大施拳脚。水、金属和空间，开发目标大同小异，开发规模扩大了十倍甚至百倍。

09 华丽的太空城

从完全用人造部件拼接国际空间站，变成在小行星内部挖掘空间，人类在太空中建造人工空间的能力大大提升。然而如果想再进一步，可能又要回到完全使用人造部件的时代，毕竟，一颗小行星大部分质量都是垃圾，并无实用价值。

在科幻片《极乐空间》中，人类已经能在近地轨道建筑太空城，地面上的人们白天就能看到它，如果飞过去一看，会发现里面更是极尽奢华。爱思考的观众肯定会想，建这么一座城需要多少金属啊？还不用说里面的空气和水，这些都需要从地面供给吗？

当人类的太空事业还处于第一阶段时，每口氧气和每滴水都需要地球补给，太空中的人只是脐带上的婴儿，而开发小行星就会让人类进入第二阶段，也就是资源替代阶段，在这一阶段，人类将逐步减少地面补给，就地取材。

一旦人类可以掌控灵神星和谷神星，就进入了第三阶段——资源拓展阶段。此时，人类可能会在太空建筑地球上无法达成的宏伟项目，太空城就是典型。

和飞船一样，太空城也会在轨道上高速运动，但它们和地球的位置相对固定，人员物资来往方便，可以把它们视为太空中的固定建筑。地球同步轨道、地日 L2 点和地月 L2 点都是适合建设太空城的位置。

在科幻片《千星之门》中，太空城从国际空间站发展而来，几百年后，成为拥有百万人口的巨城，最后离开地球，驶向木星。

是的，太空城就是巨型飞船，自身有动力。所以，建设太空城并不需要考虑承重问题，但是要考虑传动问题。不过，太空城一旦建成，并不需要长距离移动，上面配备的都是姿态调整发动机，仅供变轨之用。

太空城所用的金属都取自小行星，最初是"2011 UW-158"上的金属。一座由白金打造的城市？我觉得没什么不可以。铂也是很好的工业材料。当人类进入灵神星时，就可以无限量地开采金属，一船船地运回近地空间，太空城建设就可以大规模展开。

一旦建设太空城，以前那种小打小闹的太空农业，可能就必须大规模开展，它们将成为太空城里最优先完成的部分。当然，所有太空城都安置在没有地球阴影的位置上，有了光，太空农业就能得到基本保证。

至于太空城里的水，当然要取自小行星，氧气则来自水的电解。不过，地球上最常见的氮气，在近地空间却很难找到。植物光合作用所需要的二氧化碳，也暂时需要地球供应，它们当然也有法子在太空中解决，后面会告诉你方案。不过，在这两个问题充分解决前，太空城的规模可能还无法扩大。

10 移民从此开始

在航天专家的设想中，最小的太空城被设计成轮胎状，不停地沿轴自转，轮胎内壁上会产生重力效果。人在里面可以像在地面上一样行走，甚至奔跑。由于离心力与半径成正比，越走向轮轴中心部位重力就越小，直到最后进入零重力区。

这个轮胎的直径有多大？2公里！其中能提供人造重力的胎环直径就有200米，仅仅稍小于鸟巢体育场的长度，这就是你在《极乐空间》

里看到的那种太空城。太空女性来到这里，才第一次能够穿裙子，用粉饼化妆，在失重状态下，这两样都做不成。

更大的太空城要设计成筒状，也是沿轴心自转，头朝轴心，脚踩在筒的内壁，就可以感受到人工重力。不过，你不用担心一抬头就看到对面某个人的脑袋，这种筒状太空城直径会有3公里！在科幻片《星际穿越》的结尾处，主人公就来到木星附近的这样一座太空城。

当然，形成重力并非建造太空城的目标。地面上就有重力，何必在太空中费劲重现？太空城的无重力环境更重要，它会达成地面上达不到的成果或者效率。所以，太空工厂和实验室设置在太空城的低重力区或者零重力区，人工重力更多是为人们生活提供便利。

太空城可以建造得异常庞大，与它们相比，目前地表上的最高建筑哈里发塔只能算是玩具，这是太空低重力环境所赋予的优势。在地面上建造很高的建筑物，为了承重，必须把结构筑造得很厚实，而在太空，建筑外壳的主要作用是防止空气溢出，挡住宇宙辐射，主体结构要保证在自转时不撕裂，也用不着多么厚实，所以，太空城的质量远比地面上同等容积的建筑轻巧。

作为航天迷，你一定看过阿波罗飞船登月舱的照片吧？它看上去怪模怪样，因为那个舱就是用金属箔制造的外壳。在低重力的月球表面，舱壁不需要那么厚，太空城也是如此。

如果再提升太空城的质量，它自身的重力就开始起作用，只能建造成球形。在《银河英雄传说》里，田中芳树用大量篇幅描写了一座太空城——伊谢尔伦要塞，这便是一座球形太空城，直径60公里，内部隔为数千层，可以养活200万官兵和他们的300万亲属，有学校、医院、运动场、淡水厂和人造森林，构成一座能容纳500万人的大城市，靠着内部的人工生活环境和食品系统，伊谢尔伦完全自给自足，这是太空城设想的极致。

在地球附近建成伊谢尔伦那么大的太空城，可能远在一两个世纪以后，但是实现建造一座轮胎状太空城的梦想却并不遥远。有了轮胎状太空城，大规模太空移民计划才算真正开始。

是的，人类不是移到某个星球表面，而是移入太空城市，这些人从事高附加值的工作，科研、精密生产、制药，还有艺术行业。是的，虽然像列昂诺夫这样的宇航员就能够绘画，但还没有纯粹的艺术家被邀请进入太空。郑文光在科幻小说《战神的后裔》中，让一个"红学家"参加了火星开发团队，他总是不知道自己该做什么。

宇宙开发初期，艺术家还是闲人。到了太空城建造完成之后的阶段，就会有职业艺术家成批入驻。毕竟，宇宙本身就能激发创作灵感。

微信扫码领取【科普小贴士】

未来社会展	科幻作品馆
职业排行榜	笔记小论坛

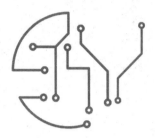

第六章　开发地球伴侣

月球，古往今来，它是多少神话的素材，多少诗人的向往。不久以后，人类将在那里写下更为壮丽的诗篇，建起一座座新厂和一片片新城。

然而科学已经告诉我们，那里没有空气，没有水，甚至除了黑、灰、白，没有其他的颜色。如何在这片死寂中开辟出生命的家园？请大家在下面这章里寻找答案。

01　父子、母子还是伴侣？

　　45亿年前，太阳系里胡乱地飞翔着几百个"星子"，它们轨道交错，经常彼此碰撞，或黏合在一起，或分裂成碎片。

　　在那个混乱年代，地球的胚胎已经形成，但没有今天这么大。一个估计有现在火星大小的"星子"和原始地球狠狠地撞在一起，"火星撞地球"？是的，这种事可能真发生过。

　　这两个"星子"都处于融熔状态，不是刚体，更像两团正在变干的胶泥。这样撞在一起后，两个星子的大部分混合起来，形成了我们脚下的地球。是的，如果剥开厚厚的地壳，下面仍然是一大团胶泥状的物质。

　　撞击的同时还迸发出无数碎片，聚集在地球附近的空间。很可能先形成类似土星行星光环的那种环，在重力作用下，碎块们逐渐聚集，黏合起来，最终形成了月球。

　　按照这种假说，月球是地球遭遇大灾变的结果，它们是父子关系。不过，这种假说在1976年才出现，被天文学界普遍接受的时间更晚。所以，我小时候听说的月球起源故事是另外两种。

　　第一种假说认为，月球是一颗独立的"星子"，被地球的引力俘获，从此就在这里旋转。如此一来，地球和月球是伴侣关系。另一种假说认为，地球最初是一个融熔状态的"星子"。由于自旋太快，把一部分甩出去，这部分形成了月球。照此说来，地球和月球是母子关系。

没人能穿梭回过去给原始地球录像，也没人能在实验室里复制这些过程。甚至，天文学家还没能在其他星系观测到这么大规模的天体撞击，所以它们都还是假说。不过，现在"父子假说"逐渐代替"伴侣假说"和"母子假说"，成为地月系统起源的主流。

以21世纪初的技术在月球建设工业基地并不可行，需要海量的能源，才能把一件件机器设备投放到月球，但是，如果人类通过"地卫二"计划，从小行星那里获取初步供给，分担地球的后勤压力之后，就可以考虑开发月球这个伴侣了。

如今，各国已经有不少月球规划。美国推出了"深空之门"，计划在月球轨道上长期驻留一个空间站，给各种深空飞行任务提供中转和通信服务，还计划在2024年让宇航员重返月球，并建设月球4G网。中国也宣布了月球基地计划，并吸引俄罗斯等国家参与。

然而，与未来的月球大开发相比，这些都只是前哨战而已。

02 月球发电站

能量是开发的第一步，开发月球必须有电才行，而在月面上发电，有着在地球上发电难以匹敌的优势。月面上接受太阳能和在地球轨道中一样，没有尘埃和水汽的消减，效率极高。有人估计，月球每年接受的太阳能相当于人类年耗能的2.5万倍。当然，不用考虑把这些电送回地球，它们要就近为工厂提供能源。

月面上不仅有永夜区，还有永昼区。由于自转和公转的关系，月球极地有个别地方永远有阳光照射，意味着在那里太阳能发电可以全天候进行，这些地方就可以作为率先建立人类基地的选择区。

不过，这类地点可能远离有工业潜力的地方，大部分月球工作点会处在有昼夜分别的地方。以"嫦娥三号"和"嫦娥四号"为例，如果进入夜间，它们的整个系统就会处于休眠状态。

我们也可以采用一些方式形成持续供电。一是在月球轨道建设太阳能电站，发电后用微波方式向月面工厂供能。二是用更简单的方式，在月球轨道架设反射镜，在黑夜里照亮工厂的太阳能发电站。

不过，航天器绕月飞行只能在低轨道进行。轨道提高到一定程度，地球引力就大于月球引力，就会把航天器拉向地球，这导致月球上空不存在同步轨道。无论是太阳能电站，还是反射镜，与月面工厂之间的位置会不断变化。弥补的方式是建设若干个卫星太阳能电站，或者太空反射镜，以中继方式不间断地向固定地点供能。

月球工厂不会都集中在一起，所以，同一个卫星太阳能电站或者太空反射镜，也会给不同的月面目标供电。

还有一种方法，就是把小型工厂直接安置在车辆上，绕月面行走，且始终让车辆保持在阳光下绕行。月球一昼夜约相当于地球的28天，表面重力又低。有人计算过，宇航员穿着宇航服不停行走，就能让自己保持在向阳面，更不用说机械车辆。

当年美国准备"阿波罗计划"时，曾经研发过一种巨型月球车，9米长，3吨重，全封闭状态下，两名宇航员可以在里面生活两周。样车制造出来后发现，把它发射到月球就需要一枚土星五号，所以才换成后来那种能折叠的小巧月球车。

不过，未来月球工厂仍然可以恢复这个设计，建造用于工业生产的巨型月球车，它可以自带设备，一边挖月壤，一边出产品，它也不需要以匀速运动绕月面移动，而是可以根据月面的实际情况，时快时慢，有时绕行环形山，只要绕行一周不超过14天，就能保持在向阳面。

工业月球车主要以加工月壤或者氧化铁为主，这些资源基本上平均分布于月面，并且以电融方式来加工，不需要很多空间。

如今航天器上用的太阳能电池板，只供应本身使用，没有铺设电线的问题。将来有可能在月面上建设统一的太阳能电站，再用电线传导到附近的工厂、实验室和生活区。这些电线也不需要从地球上提供，而是直接从月壤里提取铝来制造。

有了导体，月球电线需要有绝缘体吗？可能并不需要。地面上的电线包着绝缘体，是因为环境里有流水，有小动物无意触碰，都会导致短路，这些危险在月面上都不存在，宇航员又必须穿宇航服才能外出行动，而宇航服就用绝缘材料制作。

03   特殊能源

现在一提月球，就会提氦3，它是一种什么宝贝呢？

氦有八种同位素，只有氦3、氦4是稳定的。地球上常见的是氦4，由两个质子、两个中子构成。而氦3十分稀少，人类到目前为止只取得了半吨多氦3。然而，我们周围的空间里充满了氦3，它是太阳热核聚变的产物，地球大气层和磁场将它们屏蔽，这样保障了地球生物的存活，但也使得我们失去了氦3这种革命性的能源。

氦3是未来可控热核反应的主要推进剂，由于它发生热核反应时不产生中子，很容易控制，所以被视为最好的可控核聚变推进剂，而月面就是一个氦3矿，月球没有大气层，氦3飞到那里，便进入土壤保存起来。几十亿年积累到今天，科学家估计月面已经有100万吨氦3！照目前的能源消耗量，1吨氦3产生的电能就够全中国用一年，如果要够全世界使用，也不过数吨氦3而已。

当然，随着时间推移，人类的能源消耗越来越大，但即使考虑到这个因素，月球上的氦3也够我们用几千年。而在那个枯竭日到来前，人类还可以到水星和木星上采集氦3。

不过，派宇宙飞船将一批人和一堆机器运到月球开矿，再把它们运回来，这样做在经济上合算吗？能源专家在研究各种能源采集时，会使用一个叫"能源偿还比"的指标，就是采集到的能源与投入的能源之间的比值。这个数字越高，采集工作越经济。

人类最熟悉，也是最早开发的煤，能源偿还比才只有16，也就是说，我们每采16吨煤，必须投入相当于1吨煤的能源，而氦3的能源偿还比是多少？250！人类每投入一份能源，就能收回250倍的能源，从石油、天然气到太阳能，还没有哪种已知能源能望其项背。

目前，中国在可控核聚变实验上保持领先。预计在2050年，实验性核聚变电站就能投入运行，而开发月球氦3，将会在这天之后的并不久远的未来。

除了发电，月球上的阳光可以直接作为能源使用，方法是通过集热光纤。用于通信的光纤大家都见过，其中的光以传递信息为主，能量很小。集热光纤则以导热为主，通过光纤将高热光线从一端传到另一端，温度达到1150摄氏度，足够完成对月壤的烧结，或者对钛铁矿的熔炼，它也可以切割一些材料，起到廉价激光的作用。

除了太阳能发电，月球基地也可能使用核电，美国巴特尔能源联合公司就在研究能在月球与火星上使用的微型核电站。

月球上的冰也是能量资源。2010年，印度的"月船一号"探测器在月球北极发现了水的存在，估计会达到6亿吨。目前看来，月球南极点的谢克尔顿撞击坑也是水冰的储存区。除了极地的水冰，月壤里包含大量结晶水合物，通过化学方式可以将水分解出来。

这些水除了供人类饮用、供月球农场生产，还可以电解成氢和氧，用于火箭推进剂。

04　从月壤起步

几乎每篇介绍月球采矿的文章，都说要把月球资源带回地球，其实除了氦3，并不需要这么做。到目前为止，月球上只有5种矿物在地球上没发现，但在月球上也只有微量，所以不具备开采价值。月球开发的意义是替代地面补给，并为下一步的深空开发提供资源。

尽管"阿波罗计划"只捡回几百公斤石头，但是科学家分析后认为，月球表面是有金属的。月球自形成后，被无数小行星撞击过，其中百分之几是金属小行星。撞击发生后，这些金属就深埋在撞击点之下。

月球上没有地质运动，所以尽管过了几亿年到几十亿年，它们都还留在原地。好好勘察环形山，我们便能从下面找到游离态的金属，通过简单的融熔分离，这些金属就可以为我们使用。

不过，月面最有用的资源是月壤，它是岩石亿万年碎裂后形成的粉尘。不用特别寻找，月面几乎到处都有，月壤里面的二氧化硅和氧化铝含量均达到普通建设陶瓷的要求，这意味着我们可以直接将月壤做成建筑用砖。在地球上烧砖或者搅拌水泥，都需要用水，月壤则可以使用微波烧结法加工成块，前提是月球电力资源极为丰富。

月壤还可以作为3D打印的优质材料，用来直接建造月球上的基础设施。也正因为月球电力丰富，月壤可以制造玻璃纤维，这个过程不需要水。玻璃纤维可以作为增材制造的原料，未来在月球上，可能很多生活用品甚至建筑材料都会使用玻璃纤维。

用月壤加工的玻璃、建筑陶瓷或者砖块，由于完全不使用水，不需要晾晒，固化时间比地球上快得多，所以可以大量节省加工时间。

由于月壤就是采矿目标，所以在月球上采矿很少需要勘探矿脉、放炮打洞，也不需要冒着塌方的风险。月球采矿主要供月球工业使用，初期的需求肯定很少，采矿甚至可以由宇航员人工完成，或者用配备机械臂的月球车完成，随着需求上升，再从地面制造铲车送到月面。

05 月下广寒宫

月面由于昼夜分别，所以乍冷乍热，但是月壤导热系数很低，挖下去1米就可以接触到恒温层，在那里，温度长期保持在零下20摄氏度左右，这相当于冷库里面的温度，但并非不可承受。

除了环形山的山坡，几乎整个月球都覆盖着月壤，月海区平均5米厚，月陆区平均10米厚，它像一床厚被子，给下面的月面保温。人类随便找个地方挖下去，就能获得恒温空间，它同时也是低温空间，除了人类居住需要的热量外，其他地方保持低温，有利于物资储存。

如果在月壤下面建小型定居点，人类还可以利用一种特殊的能源，那就是月岩热能。月岩的导热性能是月壤的1000倍，也就是说，月岩很容易被晒热，也很容易释放热量。在人类定居点上方铺设形状规则的月岩，白天时太阳直晒，可以把它们加热到100多度，到夜晚再用机械装置把它们降入地下，便可以释放热量。

还有一种兴建月球城的设想，就是直接在环形山上面加盖子。当然，我们暂时还对付不了直径几公里的环形山，但是体量有鸟巢这么大的微型环形山，月面上也有不少，用月壤烧结后的玻璃覆盖在上面，搞好密封，下面就可以开辟出宏大的使用空间。

由于重力很低，这么大面积的玻璃顶盖，只需要很小的支柱。没有风和雨，一旦建成，玻璃盖就不会沾染风沙，完全不用擦拭。这种带顶盖的环形山，是建设月球农场的最佳场所。

无论是开挖月壤，还是改造环形山，都还只是初期的小打小闹，人类要在月面上获得更大空间，还需要到下面去寻找月球熔岩管。

火山熔岩喷出后，一边流动，一边凝固，外层凝固时，内层仍然在流动，于是内层流走，留下一个管道，称为熔岩管。

地球在远古时期也形成过巨大的熔岩管，但是地球一直有复杂的地质运动，会把这些管道挤断、挤塌、埋藏。地球重力很大，也会使熔岩管顶端不断塌陷，所以，地球上只保存着几米到十几米的熔岩管。

印度的月球探测器已经通过遥感在月球赤道附近找到一片巨大的熔岩管，长2000米，宽360米，能装下一个城市的小区，类似规模的熔岩管还会发现更多。

在月面以下施工，有着地球上类似工程无法相比的优势。在地球上挖隧道需要防止透水，因地下水进入工程面而遇难的工人多得无法统计，而这个问题在月球上完全不存在。

在地球上实施此类工程，需要搞好支护，防止塌方，这也是地下工程容易造成伤亡的主要原因，但是在月球上，由于重力小，塌方很少发生，即使发生，岩石也会慢慢滑落，人体有更充分的时间躲闪。

当然，在月球施工也有不利之处，其中最主要的是不能散热。在月球施工必须使用导热管，还要考虑好用什么冷却剂。这个问题的答案，很快我们就能看到。

06 太空医疗

从加加林到现在，只有500多人到达太空，大部分也都是短期停留。当人类初步开始小行星开发和建设月球工业后，恐怕常驻太空的人数都不止500人，因此太空医学也将会成为系统。

生活在太空会带来不少健康问题，长期待在无重力环境，人的运动系统会萎缩，即使空间站有健身设备，也不能完全解决骨钙流失等问题。宇航员从空间站返回地球后，骨骼会老化几十年，好在它是可逆性的变化，回到地球后花一段时间还可以康复。

太空中有高辐射，由于宇航员的总数并不多，一时还难以看出是否会引发癌症，但是当样本足够多的时候，太空癌变可能会成为人们的关注焦点。

太空急救也会是一个大问题。由于缺医少药，所以当宇航员受伤或者突发疾病需要抢救时，现在还必须返回地面才能治疗。如果是导致昏迷或者导致行动不便的伤病，更是需要另外至少一个宇航员陪同返回。

总之，出现太空急救事件，起码需要占用一个返回舱，而且现在的返回舱都是一次性用品，费用十分高昂。

虽然目前在太空中还没有出现急救病例，但随着太空活动规模的扩大、人员的增加，早晚会遇到抢救太空伤病员的问题。

不过，太空环境也会有很多医疗上的便利。地面上的病人在移动过程中伤病可能加剧，而在零重力环境中，病人是飘浮在空中由医生治疗，尤其是烧伤病人，不用搬动身体，就可以治疗全身的伤口。

病人在地面上长期卧床，会导致褥疮感染，在太空中就不会有这个问题。在地面上，骨折病人需要打石膏，这样必定导致行动不便，在太空中也不需要。

人体内有一种抑制癌症的基因，名叫"P53基因"，它在零重力环境下的生长速度是在地面上的5倍，所以，有可能在太空中建造癌症病人的疗养院。

月球重力只有地球的1/6，对心脏造成的压力会少很多，所以特别适合老年人生活和工作。目前除了因为登月过程还很复杂外，发射时加速度过大，也使得老年人在今天不宜进入太空。

当空天飞机出现后，这就不再是问题，它从地面平行起飞，以普通人都可以承受的加速度进入轨道发射场，人们再从那里到达月球。

未来的小行星工业，或者月球工业，可能更适合经验丰富的老年科技工作者，那里节奏缓慢，没有风雨雷电，月面和太空都是一片寂静，没有地球城市里的噪声污染。只要给养充分，小行星的环境很适合养老，老科学家们可以一边工作，一边把月球当成疗养院。

07   交通枢纽站

当年的6次阿波罗载人登月，宇航员们要在坑洼不平的月面上着陆，又没有空气可供滑翔，只能使用反冲火箭，他们能够在着陆时一次都没翻倒，其实是创造了不小的奇迹。

多年以后，宇航员再次光临月球，就不会再冒这样的风险，着陆场肯定排在建设项目的最前列。将月壤加工成砖块，再用激光校准方式平整月面，就可以铺设出一个着陆场，同时，它也是月球飞船上升段的发射场。

软着陆都是垂直起降，这个场地不需要多大，有半个足球场已经够用。使用人工场地，除了避免降落时侧翻，还可以避免发动机羽流扬起月壤和沙砾，损坏附近的建筑和设备。

月球也有重力，但克服月球重力消耗的能量比地球上小得多。阿波罗登月时，飞船都由"土星五号"发射，每次使用2723吨推进剂，进入地月轨道时，整个飞船加起来约45.7吨，推进剂是载荷的近60倍！

而当登月舱的上升级从月球起飞时，它的重量只有4.7吨，其中有2.35吨是推进剂，推进剂与载荷的质量比接近1∶1。

也就是说，以现在的技术，从月球上发射物体，所用的推进剂只是在地球上所用推进剂的1/60！如果一家月球工厂和一家地球工厂生产同类产品，且都向太空某处供货，月球工厂有绝对的优势。

当然，阿波罗登月舱上升段使用的2.35吨推进剂要从地球上运去，为了把它们送到月球，又得消耗141吨能源！所以在月球上建工厂，必须就地解决火箭能源问题。好在那里有冰，可以把冰融化后电解成氢气和氧气，再加工成液氢和液氧，那就是优质的火箭推进剂。

另外，氧气在零下183摄氏度时液化，氢气在零下252.77摄氏度时液化，而科学家已经在月球极地环形山的阴影里记录到零下250摄氏度的低温，那里是目前太阳系里发现的最冷的地方，这意味着在月球上储存液氧和液氢几乎不消耗能源。当然，月面大部分地方不会这么冷，但是只要建起遮阳板，利用天然冷源搭建一个仓库就行。

不过，月球已探明的冰的总量只有数亿吨，人类能够开采几千万到一亿吨就不错了，月球本身这点水只能提供初步开发之用。

根据资源分布的情况，月球基地会分散各处，彼此之间有交通需求，如果距离较近，可以使用特种车辆。在月球不大可能铺设道路，现在这些以轮胎前进的车辆支持不了长途运输，所以，月球车多为轮腿式和爬行跳跃式，以适应月面崎岖不平的地形，这种车辆的技术难题在于重心忽高忽低，这个问题目前正在克服中。

如果距离较远，要使用喷射式巡飞器，月球没有空气，无法使用机翼，这种巡飞器通过向下和向后方喷射气流，在月面上移动。如果距离更远，只能先飞入轨道，再从另一端下降。

08　月球观测站

工业不仅为科学形成需求，也为科学提供新手段，让更多的设想成为可能。按照这个规律，宇宙开发的每一步都要给科学研究预留位置。

月球就是一个重要的科研基地。早在1969年阿波罗载人登月时，就在月面上留下一件科研仪器，学名"隅角镜"，它可以把地球发射来的激光变成完全平行的光束，反射回发射源。

在那之前，科学家也用向月球发射激光的方式来测距，但是月球表面坑洼不平，激光照到后只能形成漫反射，精度极低。月面上有了"隅角镜"，就可以精准测距，测距精度达到惊人的几厘米，科学家已经通过它发现，月球每年以3.8厘米的速度远离地球。

2013年，"嫦娥三号"着陆月球后，月基光学望远镜便开始工作，这是人类第一个依托其他天体的天文探测工具。

地面上的望远镜会受大气层干扰，所以要到150公里高处才便于观察，以前只能通过高空气球做短时间观测，而这台望远镜则可以长时间观测，并且，月球自转一周需要28天，这意味着月球上的望远镜可以花几百个小时连续跟踪同一个天体，这是在地面上不具备的优势。

月球正面始终对着地球，也是进行地球监测的有利场所，在那里监测近地小天体，也比地面更有优势。

把科研仪器放到月球上，得到的便利条件不少，需要克服的困难也不少。月球昼夜温差有300多摄氏度，着陆器上要建立温度调控系统。强烈的宇宙辐射既是某些观测的目标，其本身也会损害仪器设备，需要做好屏蔽工作。

另外，对月球表面进行细部的科研活动，也必须降落到月球上才行，在轨道上毕竟只能走马观花。例如"嫦娥四号"降落的艾特肯盆地，是目前太阳系内已发现的头号撞击坑，当年小天体撞击时，把很多月球内部物质暴露出来，对于研究月球结构有很大的科研价值。

月球表面物质的成分，也是必须采样才能研究的。迄今为止，美国带回300多公斤月岩和月壤样本，苏联带回290克样本，中国"嫦娥五号"返回器带回1731克样品。人类对月球物质的实际研究，只能依靠这么少的样本。

所有这些加起来，不过就是地面上一次矿产勘测的样本量。美国宇航局后来使用撞击法，在轨道上研究撞击形成的尘土，也获得了一定进展，但始终比不过真正在月面上进行研究的效果。

月球熔岩管是另外一个考察目标。据推测，由于低重力，月球可能会保留着上千米直径的巨型熔岩管。月球和地球成分差不多，但比重低于地球，很大程度和内部结构空心化有关。不过，尽管能够用雷达方式发现一部分空心结构，但必须在月面上寻找，甚至深入下去。

09 "月痕"新资源

除了氦3、氧化铁这些实实在在的资源，月球上还有文化娱乐资源！

国防科技大学李海阳与航天工程大学张亚坤都是航天工程专家，他们联手创作了一篇论文，名叫《基于月痕资源的月球开发新体系构想》，在文中，他们提出全新的见解，月球也可以变成游戏场！

他们认为，再像"阿波罗计划"那样靠国家推动月球工程难以为继，而如果想吸引商业资本，现在这些有形资源都没有说服力。但是，人类社会生活在这几十年里发生了巨大变化，无形资源和虚拟游戏大受欢迎，那么为什么不在月球上开发虚拟资产呢？

他们把目标盯在月壤上。大部分月面覆盖着月壤，人类已经在那里踩出无数个脚印。由于月球上没有空气，月壤上的痕迹能保存数千万年，两位专家把这些痕迹称为"月痕"，他们认为它可以当成一种新资源来开发。

阿姆斯特朗和他的兄弟们并非有意制造月痕，现在不同，我们可以向月球发射"印痕机器人"，它们着陆后，人类通过地面控制让它们刻画出各种"月痕"，而这个控制权再按照时间为单位来发售。届时，人们可以写"某某到此一游"，也可以写诗作画，商业公司可以刻出广告，公益单位可以写标语。

着陆器位于"月痕场"中央，实时拍摄，把信号传回地球。"月痕"视频归私人所有，可以加工成各种纪念品或者视频节目。两位专家还构想出"遥物权"的概念，让人们在地面上转卖38万公里外的"月痕"。

如果还要增加技术含量，可以再发射3D打印机。月壤是优质的3D打印原料，地面消费者自己建模，发送到月球，让打印机用月壤形成雕塑，永久保留在原地。着陆器还可以携带全景摄影机，把月面景色传输回来，付费者戴上VR头盔，通过摄影机进行虚拟观光。

这些技术能实现吗？当然可以，"玉兔号"上的机械臂就由地面控制，精度可以达到毫米级，足够进行细微雕刻，这台月球车总共工作了972天。假设这就是"印痕机器人"的使用寿命，除去休眠时间，把工作时间按分钟来发售，每分钟不超过1000美元，这完全是平民价。

发射一台纯粹娱乐用的机器人，需要多少成本？其实，航天事业早不再是高大上的事业。"嫦娥一号"从研发到完成，总共花费14亿元人民币，这是多少钱呢？电子游戏《荒野大镖客：救赎》耗资60亿人民币，《王者荣耀》耗资5亿人民币，如果把日常运营成本加起来，恐怕也够发射一艘嫦娥号飞船。

所以，腾讯这类规模的公司完全可以买火箭，租发射平台，率先打造月球实景互动游戏，一旦成功，就需要制造越来越精确的遥控机器人和遥控3D打印机，最终，它们能用月壤建造房屋，这样下一批宇航员降落后就有落脚之处了。

10 同时去水星

离地球最近的行星是哪一颗？金星？其实并非如此，金星只是轨道离地球轨道最近，但由于各自公转周期不同，水星在多数时间比金星离地球更近！

这要了解一个叫"会合周期"的知识，简单来说，就是两个天体要多久才运行到彼此距离最近的地方。火星与地球的会合周期是779.93天，所以现在考察火星，要等两年一度的"火星大冲"。金星离地球最近为4050万公里，但也要每583.92天才能交汇一次。

相比之下，水星离地球最近为7700万公里，但每115.93天便交汇一次，大部分时间里，地球距离水星都比金星要近。

然而，受科研导向的影响，人类考察水星却并不积极。一方面是那里似乎找不到重要的科研课题，水星没有大气，没有生命，表面形态和月球差不多，对探索太阳系的形成贡献不大。另一方面，水星引力很小，在它周围的太阳引力很强大，由于"近快远慢"的规律，水星也是八大行星里公转速度最快的，是地球公转速度的1.6倍。

所以，飞船稍不留神就会掠过水星，被太阳俘虏。目前考察水星的飞船要经过几次引力弹弓效应，不断调整速度，才能变成水星的卫星。美国的"信使2号"不断飞过地球和金星，反复使用引力弹弓，花了7年时间才成为水星的卫星。相比之下，第一个人造金星卫星，苏联的"金星9号"花了4个多月就已到达目的地。

然而，这只是在地面使用化学火箭推进的结果。电喷火箭可以长时间减速制动，完全不用绕来绕去，在两星会合时，每秒百公里的等离子火箭算上加减速的时间，只需要12天便能到达目标。

问题在于，人类去了又能干什么？水星上最大的资源就是氦3。由于更接近太阳，单位面积接受的太阳辐射更大，并且水星也比月球大一圈。综合一算，水星上的氦3是月球上的4倍。

当然，它的向阳面有400多摄氏度，人类无法工作，所以只能在它的背阴面开采。此时，人类已经拥有在月球上开采氦3的全套技术，可以把设备压缩到车辆上。由于一个水星日长达176个地球日，这些开采车可以慢慢移动，永远将自己保持在背阴面。而其能量，则由水星轨道上的太阳能发电站通过微波来传送。

不过，水星表面和月球类似，没有完全平坦的地方。开采车有可能不使用轮胎，而是制作成蜈蚣形状的"自动步架车"，通过很多对长长的、可弯曲或者延伸的腿，翻坡、越沟、绕过环形山。

另外，水星也和月球一样，在某些环形山的永夜区保存着冰，最乐观的估计能有1000亿吨，远远超过月球，完全能供养一个不大的采集厂社区。

在这个环绕水星的开采场上，可以每隔数百公里开挖一个地下基地，收存成品，并且储备给养，它们还是水星和其他地方的交通站。由于没有空气，要使用化学推进剂把成品送出去，再把给养送进来，花费不会少，但由于氦3是附加值极高的商品，这样做仍然有经济价值。

将开发水星的内容放到本章，是因为无论资源目标还是地形地貌，水星都与月球高度相似，在月球上成熟的开发技术，同样适用于水星。

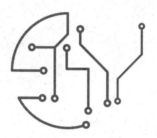

第七章　最近的乐园

往里还是往外？这是一个问题。

开发太阳系是一局完整的棋，每一步都要服务于后面的步骤，以此为标准，人类从地月系出发的下一个目标，可能大大出乎你的意料，但如果读完这一章，你又会发现，它仍然在情理当中。

01 头号目标非火星

移民火星！

2013 年，荷兰有家名叫"火星一号"的公司开业，向有志移民火星的人征收 11 美元报名费，并且声明只提供单程机票！即使这样，据称全球也有 8 万人报名，其中 1 万名还是中国人。

如果把"移民火星"改为"移民金星"，可能一个报名的人都没有，反而都会觉得发起人简直没有常识。金星表面的温度能够熔解铅，压力相当于 900 米的海水之下，空气中到处飘着硫酸雾，谁会住在这种鬼地方？

然而，谁说移民金星就必须要站在它的地面上？打破这个思维定势后，你会发现金星才是地球之外最现实的移居地。

目前这种金星冷，火星热的舆论，科学导向起了很大作用。科学家考察外星世界，寻找生命是一个重要目标，当他们发现金星表面不大可能有生命时，就撤回了关注，现在提倡去火星，也是因为那里还有可能找到生命。

然而，如果换成工程导向，主要考虑某个天体能给人类带来什么，那么，金星远比火星有价值。

能源是开发之本，太阳系内，单位面积上的太阳辐射量与距离平方成反比，所以，火星接受的太阳辐射仅是地球的 43.3%。当然，现在的火星车也配备太阳能电池板，但只是维持几件小仪器而已。

除了太阳能，火星本身没有什么能源，虽然经常起风，但由于空气过于稀薄，风能发电的效率也不高，所以，开发火星，就得由地球供应能源，甚至要源源不断地供给。

金星和火星的空气成分类似，都以二氧化碳为主。有阳光、有二氧化碳，就能靠光合作用生产氧气和食物。在科幻片《火星救援》里面，主人公就在火星表面以种土豆为生。然而，火星空气浓度只有金星的1/19150！太阳常数只有金星的1/4。两地相比，光合作用的效率高下立判。

当然，由于金星表面浓云密布，地面上实际接收到的太阳能远低于地球。金星大气之所以那么热，是由于有温室效应在几亿年积存起来的热量。不过还是那句话，谁说人类一定要站在金星地面？

火星表面的重力只有地球的1/3，长期生活在火星上会带来生理问题。在科幻片《回到火星》中，主人公出生在火星，成长在火星，只能适应火星重力，当他回到地球后，就像天天背着沙袋生活，最后因为心脏疾病，不得不返回火星。相反，金星重力是地球的83%，长期生活在金星表面对人类身体影响不大。

从距离上看，金星也要比火星离我们近得多，地球到火星最近为5500万公里，最远超过4亿公里，所以现在考察火星，都要等两年一度的窗口期，也就是两者距离最近的时期。

地球到金星最近为4050万公里，最远为2.54亿公里，现在的飞船到达金星也只需要100多天，随着电喷火箭加入现役，十天半个月到达金星将不是问题。

02　曾经热闹非凡

其实，早在1962年12月14日，美国的水手2号探测器就掠过金星，使它成为人类第一个近距离探测到的行星，而直到1965年7月14日，水手4号才代表人类第一次光顾火星。由于金星离地球最近，科学家早早就把它当成考察目标。

在宇航界，金星还有个绰号，叫作"俄国人的行星"，因为苏联向金星发射的探测器最多，也只有他们的飞船成功着陆过金星。

早在1961年2月12日，苏联就抢在美国人前面发射了金星1号，不过它在太空中失联，人们推测它只是从金星附近10万公里的远处掠过。

1966年3月1日，位于金星轨道上的金星3号朝金星表面投下登陆器，里面还很夸张地放了一枚苏联国徽。可惜，这个着陆器在金星大气中损毁了，什么数据都没传回来。当然，这个金属物体不管毁成什么样，肯定已经坠落到金星表面，于是，它也就成为第一个撞击其他行星的人类航天器。

1967年10月18日，苏联的金星4号再次挑战魔鬼环境，这时，科学家已经知道金星大气能产生强大气压，但不知道气压究竟有多大，就给金星4号设计为能抵抗25个大气压。当然，它也在空气中报废了。

科研人员根据这些教训，着手设计新的着陆器，他们把抗压能力定为50个大气压，当方案报给上级时，总工程师大胆地改为150个大气压！

事情证明这是对的，1970年12月15日，金星7号再次进入金星大气层，由于降落伞破裂，软着陆变成了硬着陆，但是在最后瞬间，它仍然发回了1秒钟的数据，自此，人类第一次知道金星表面有92个大气压！

1975年10月20日，金星9号终于顺利着陆，在485摄氏度的炽热中，它坚持了57分钟，第一次发回金星表面的照片。

相比于金星考察中的辉煌，苏联发射的火星探测器远不如美国成功，今天人们重火星，轻金星，可能和苏联解体也有一定关系。毕竟国力衰退，也就没有能力宣传曾经的业绩，其他国家的人只好天天听NASA讲他们在火星上的成功史。

进入21世纪，人类只向金星发射过两次探测器。一个是欧洲的"金星快车"，它于2006年4月到达金星。另一个是日本的"拂晓号"，它于2015年12月7日进入环绕金星的轨道。这两个探测器都没有贸然登陆，而是停留在轨道上做观察，所以前者坚持了 500 天，后者工作了两年。

"金星快车"于 2015 年坠落后，只有"拂晓号"孤独地在金星轨道上旋转，而现在火星轨道上却有 6 个轨道飞行器。与火星探测的热闹相比，本身温度更热的金星反而长期遭到冷遇，以至于现在年轻人写科幻小说，都没人选择金星做背景，相反，火星故事一抓一大把。

03   金星仍然有"天堂"

"脚踏实地"这个词可以作为人生准则，但不能作为宇宙开发的准则，人类大型设备所到之处，哪里都可以是家园，也包括金星。

1761 年 6 月 6 日，俄国科学家罗蒙诺索夫按计划观察"金星凌日"，也就是金星从太阳表面掠过的天文现象，从望远镜里，他看到金星被一层圆形光晕所笼罩，他推测，这一定是阳光穿越大气层发生的现象。

这是人类第一次观察到金星大气，未来，它也是人类远征金星的主要理由。

在地球上要造载人气球，需要在里面灌上氢气或者氦气，而人却不能呼吸它们。如果使用热气球飞行，人也无法待在热空气里，无论哪种气球，人都只能坐进下面的小吊舱。著名的"兴登堡号"飞艇长达 240 多米，是人类制造的最大飞行器，最多时只搭载 97 人，不如一架波音 737。

然而，二氧化碳比空气重，金星大气浓度又是地球的 90 倍，所以在金星上，只要往飞艇里面充入普通空气，就能飘浮在 50 公里高的位置上，人类可以直接在气囊里生活和工作，充分使用巨大的空间。

而这里已经位于金星云顶上方，终日可见阳光，这个位置的温度只有 70 多摄氏度。在地球上，伊朗东南部的卢特沙漠曾经测到 71 摄氏度的高温，所以这个温度也不算很变态，以人类现有的技术，完全可以做到隔热降温。

金星大气顶端没有云层阻挡，在此建造一座云城，太阳能是云城最重要的能量来源。提到太阳能，大家一定会联想起一块块坚硬的太阳能电池板。如今的航天器都还要支起电池板，难道云城上面也要竖着一排排太阳能电池板？

其实，人类已经掌握了薄膜太阳能电池板技术。现在，铜铟镓硒薄膜太阳电池的转化效率超过21%，不亚于电池板。相信在将来，光电材料转化效率还会进一步提高。

薄膜太阳能电池可以卷起来运输，或者直接覆于气囊表面，充气时一并展开。在气囊表面贴着太阳能薄膜，除了形成电力，还可以阻挡阳光，可谓一举两得。

早期太阳能电池只能利用直射光线，如今，人类已经掌握了可以转化散射光的光伏技术。金星云层反照率极高，照耀着云城下表面，所以，金星云城整个外表面可能有90%都贴着太阳能电池膜，留下10%使用透光材料，能透入阳光，但是可调节强度，以减少光线直射带来的危害。

俄罗斯在重返金星方案中，计划向金星大气释放气球，上面携带微探针，每飞行一段距离，就向下投放一枚探针，这样可以探测很大一片金星表面，而不只是在着陆点拍几张照片。

美国宇航局计划中的下一次金星探测，也准备使用气球在大气里探测，而不是着陆，他们计划的首次载人金星考察，更是要把一个飞艇折叠起来带到金星外围，投入金星大气后展开，飞艇可供两名宇航员生存一个月，然后再乘轨道上的飞船返回地球。

很多民族神话中都有"天宫"或者"天堂"的概念，它们都被设想在云层上方。在金星上，人类将成为活神仙，终日居住在云上的城市里，这里不仅是整个金星上最宜居的地方，还有可能是整个太阳系里除地球外最宜居的地方。

04　二氧化碳产业链

然而，我们为什么要舍近求远，跑到金星上居住？难道就是为了晒太阳？

在科幻片《帝国反击战》中，有一座名叫"贝斯平"的云城，它便是终日飘浮在云层上，采集云中的某种矿产。电影里没说明那个云层里有什么宝贝，以至于要兴师动众搞一个飘浮采集厂，不过，金星云城会有明确的采集目标，那就是二氧化碳！

是的，现在几乎人弃鬼嫌的二氧化碳，其实有很多工业用途，像干冰制冷、灭火剂、舞台效果等大家熟悉的功能，只是极小一部分，二氧化碳还可以用于制作尿素、纯碱和饮料，大棚农业里还要使用二氧化碳做气肥。

二氧化碳还可以做超临界萃取，在温度高于临界温度、压力高于临界压力的状态下，二氧化碳会成为密度近于液体、黏度近于气体的物质，扩散系数为液体的100倍，具有超级溶解能力，用它做溶剂可以萃取很多物质，该技术主要用于生产高附加值产品，提取其他化学方法无法提取的物质，而且廉价、无毒、安全、高效。

地球大气中的二氧化碳含量只有0.04%，虽然这个量足够令地表升温，但是用作工业原料却远远不够，以至于工业上要使用二氧化碳，还得从石灰石中提取，甚至，把工厂废气中的二氧化碳收集起来再使用，成本也仍然极不经济，这导致人类并未在地球上发展以二氧化碳为基础的工业。

进入太空，二氧化碳的用途就更多了，其中一个就是用作"冷汽轮机"的工作介质。注意，这里说的是"冷汽轮机"，不是"冷气轮"。

在全球发电量当中，火电与核电仍占70%以上，它们都需要把水加热成蒸汽，驱动汽轮机转动。其实，并非只有水可以做这件事，只要把一种物质由液态变成气态，由于体积迅速膨胀，都可以实现类似功能，只不过在地球环境里，以水为介质最经济。

而在寒冷环境里，二氧化碳是更为良好的介质，它的沸点是零下78.5摄氏度，把物质加热到零下78.5摄氏度，所需要的能量远小于把物质加热到100摄氏度，所以在内太阳系之外，阳光辐射很少的地方，人们会重新使用汽轮机发电，将阳光聚焦在干冰容器上，让它汽化后推动汽轮机。

干冰颗粒升华时膨胀近800倍，会产生巨大的推动力，再从另一端由管道回收，重新变成干冰。当然，在地球上做这种循环，需要大量制冷剂，完全得不偿失，但在严寒的太空中就有利可图。

与二氧化碳相比，氨的沸点是零下33.5摄氏度，但它有腐蚀性，会损害机械结构。大部分气体的沸点太低，会令机械结构变脆，无法持续工作，相比之下，二氧化碳是太空发电的重要介质。

二氧化碳在地球上就被用作冷却剂，这项用途在宇宙中会大大增加，在没有空气对流散热的地方，干冰是良好的冷却剂，太空冶炼、月壤烧结等作业，都需要干冰制冷剂。

在月壤这类地方施工，要使用气体挖掘技术，把喷口深深地插入月壤，向里面吹入高压气体，将月壤翻起来。小行星表面也可以使用这种技术，这里的气体可以是任何气体，但是氧气要用于呼吸，氢气要用作燃料，所以二氧化碳最为适宜。

金星大气中94%都是二氧化碳，金星大气质量又是地球大气的93倍，所以，金星大气里二氧化碳的总量相当于地球大气的22.4万倍！在金星上，二氧化碳多到可以在地面变成超密度流体，像江河那样奔流。因此，它是太阳系最大的二氧化碳矿。

05 第一战役

二氧化碳最重要的作用，当然就是光合作用，它可以用来制氧。

虽然建云城的设想非常好，但是要让人类一开始便携带大量液化空气到达金星，成本肯定很高，因此还得就地取材。

空气中的主要成分是氮和氧。金星大气本身有足够的氮气，虽然比例只有3.5%，但由于金星大气层总质量是地球的93倍，氮的总量仍有地球的4倍之多！那里唯独缺少的是氧气。

首批跟着人类进入云城的生物将是蓝藻，它们是高效率的制氧生物，地球大气曾经几乎没有氧，最早的氧都由蓝藻制造出来。

第一座金星云城要折叠起来，用降落伞投放到金星大气里面缓缓下降，在这个过程中，它要直接吸收周围气体，通过压力调节装置减少其浓度，让它们保持在一个大气压。这样，云城会自动浮上云顶，也不再需要降落伞。

生命生长过程不可能离开水，蓝藻也是一样。金星是个干燥的星球，虽然大气层里也有微量水蒸气，但即使它们都凝结成水，只能在金星表面覆盖二十几厘米，从大气中过滤这么少的水显然很困难。更何况，这些水蒸气基本都在金星云层下端，也就是温度数百度的地狱里面。

不过天无绝人之路，"金星快车"探测器观察到了"水蒸气喷泉"现象，它不是从金星地面下喷出地表，而是从地表附近聚集到一处，从低层大气急速翻涌到高层大气。现在，他们已经从金星阿佛洛狄蒂高地山脉上空4500米处发现了"水蒸气喷泉"。

4500米在金星上完全不算高空，周围温度仍然很高，但这只是第一个"水蒸气喷泉"，将来有望观察到更多、更高的"水蒸气喷泉"，我们可以期待着其中的某一个具有开采价值，能抵御两三百度高温的集水器下降到这里，吸取其中的水分。

云城成型后，又有了水和二氧化碳，人们就可以往里面投放蓝藻，当然，一开始批量很小。一个折叠的云城和一批蓝藻"种子"，这就是人类移民金星第一步要携带的主要物品，总质量只有几十吨，甚至更少。

从此，蓝藻在第一座云城里繁殖，将二氧化碳转化成氧气，再经过气体调节设备，使得氮氧比例接近地球空气，人类就可以批量入驻了。

蓝藻有上千个品种，这些蓝藻应该是可食用的品种，包括发菜、地木耳、螺旋藻等，除了供氧，还能食用，一举两得。

由于不能大规模携带空气，所以云城建设要一座座来进行，无论哪一座，蓝藻都是先驱者，当它们改造完一座云城的空气后，就被送到下一座，继续完成其使命。

06 太空粮库

用蓝藻成功改造空气后，云城就开始大规模种植其他农作物，将它们提供给太阳系各处。

农业将是金星上最大的工业，这听起来有些别扭，但事实如此。人类会在太阳系各处建设太空城，有月球基地、水星基地、小行星矿场、近地太空城，然而，金星云顶可能是唯一适合大规模建设农场的地方。

想想吧，如果在月面上种植物，连二氧化碳都要运过去，并且还要小心翼翼地确保它们在物质循环时不外泄。火星上倒是有充分的二氧化碳，地层下面还可能有冰，但那里的太阳辐射又太少了，比来比去，在金星上建农场最为适宜。

最初几座金星云顶农场盈利后，就可以扩建更多的农场。这时，蓝藻会继续充当开路先锋，为后续建起的云城改造内部空气。

未来的金星农场将是长达一公里的气囊，不过，由于当地太阳辐射强度太大，地球植物承受不了直接照射，所以，云城表皮大部分由膜状光电池来遮光，小部分设置天窗，镶嵌着可调节光度的透光材料，可开可关，调节透光量和角度。

云城内部是垂直农场，所有作物都放到升降架上，由机械控制，从各种角度接受阳光。所有植物都是水培，不用土壤，虽然都种在水里，但由于全密封，植物蒸腾的水会收集起来再使用，总耗水量只有普通大田作业的1%。

不过，虽然富含二氧化碳，但是金星大气里的水分仍然不多，"水蒸气喷泉"也不能指望提供足够的水，所以，金星农场仍然要选择耐旱作物，甘薯和土豆会是首选粮食作物，其他还有谷子、玉米、木薯等。

蔬菜方面，金星农场会以辣椒、茄子、牛蒡和秋葵为主。当然，中国人喜欢吃大叶子菜，但叶子面积越大，气孔越多，蒸腾作用散失的水分就越多，植物也就越耗水，所以，金星农场可以选种马齿苋和洋蓟。

在水果方面，金星上几乎不能种香蕉和杨梅，甚至柑橘也因为耗水量大而不得不被放弃，但人类也许可以吃到枣、山楂、桃、杏、石榴、无花果、核桃和凤梨。

将来，世界各国的人都会到金星农场工作，虽然与老家的饮食习惯不同，但这些作物基本上可以满足人类大半个食谱，只有一样东西需要引进，那就是盐！除了地球，高卤水只有到小行星带才能开采到。

目前，地球上最大的实验性垂直农场位于迪拜，占地18亩，每天能收获2700公斤蔬菜。一座金星农场至少一公里长，数百米宽，能提供数百亩的种植面积，外加金星上更高效率的光合作用，每天收获数百吨农作物应该不是问题。

是的，每天！

当然，只有阳光、水和二氧化碳还不行，农作物生长还要很多微量元素。金星大气里只能提供氮，其他都得从外界运过来，好在它们只需微量就可以调节作物生长。当太空驳船在其他地方卸下农产品后，便可以搭载各种营养剂返回金星。

07   碳与氢

不管什么农作物，整体中大部分都不可食用，这些部分将分解成糖，与廉价催化剂结合，生成丙烯腈，它的最终产品是碳纤维。

是的，这是二氧化碳产业链的又一大终端产品。二氧化碳是不活跃气体，一直被当成灭火剂，用化学方法从它里面分解出碳，需要极高的能耗，相对而言，植物光合作用也是从二氧化碳中固定碳的过程。将农作物的废弃部分作为原料，提取其中的碳，就能建立碳工业。

天然光合作用能制造氧气，人工光合作用则能制造氢气。各国已经发展出纳米树、光合叶、生物光电板等技术，使用的原料也是二氧化碳和水。虽然在星际之间，电喷火箭有更大优势，但是要把物资从天体表面送上太空，以氢氧发动机为代表的化学火箭还是不能取代，所以，有氢有氧，金星就有了新能源。

二氧化碳不仅可以就地转化成农作物，还可以变成气肥，供应太阳系其他地方的农场。

在太空中什么地方才能不用考虑条件，想种什么就种什么？可能还是地球附近的几个引力平衡点，在这里建设太空农场，太阳辐射强于地面，由于没有昼夜分别，也强于月球。

在金星农场开发前，人类肯定已经在近地空间建成太空农场，不过都是极简型农场，虽然阳光免费，水和二氧化碳却都要从地球上运来。人类宇航员呼出的二氧化碳虽然可以被植物吸收，可是，农作物上能被人类利用的部分远比整体小，所以，近地空间的太空农场必须从外界大量输入二氧化碳才行。

有了金星，各处的太空农场就有了气肥供应站。吸收金星大气里的二氧化碳，送到80公里高空，那里的温度就能让二氧化碳变成干冰并且不需要特别的设备，只要在巨型氢气球下面吊上容器就能办到。

从粮食到碳纤维，再到干冰，这么多产品怎么运出去？毕竟，金星的重力不比地球小多少啊。

要知道，人类不是在金星地面上生产它们，而是在金星云顶上生产它们。廉价发射术在这里就能派上用场，比如，使用填充氢气的巨型飞艇，能把这些产品提升到70公里高空，再用空天飞机接手在那里发射。

很有可能，这些金星上的产品价格会低于地球同类产品，它们会为太阳系其他人类基地供应物资。虽然路途可能更遥远，但对于大宗物资来说，在宇宙中飞行几个月并不是问题。

假设从金星云顶给其他天体上的城市供应食品，只要每隔十天半月向目的地派出太空驳船，就可以形成稳定的供应链，保证食品源源不断到达。食品采用真空封闭，所以，保鲜也不是问题。

这里便出现了两个选项，一是建设金星农场，向太阳系各处居民点运农作物，二是只建二氧化碳采集厂，把它当成气肥，变成固体后运向太阳系各处，由当地农场使用。选择将由我们的宇宙人后代来做，此处先把金星农场这个选项介绍清楚。

08　欢迎飞行者

未来的金星上不止有一处云城农场，甚至，云城也不光用来建农场。为制造碳纤维，会有工业云城。为进一步研究金星环境，会出现科研云城。当金星上出现百十座云城，各种物资极大丰富以后，还会有度假村和疗养院式的云城，也会出现云城物资供应站，给各处云城提供补给。

当数百座云城构成一个大型社区，云城之间的交通怎么解决？既然金星的大气层那么厚，能够提供强大的升力，地球上的传统飞行器就会派上用场。这些云城体型巨大，动辄一公里长，在上面建机场也非常容易。

人类在金星云顶建城时，要在金星轨道上保留中继站，作为金星与其他地方交通的纽带，中继站与云城之间就靠空天飞机运输。不过，金星大气里没有氧，所以，供金星使用的空天飞机只配备火箭发动机，不配备航空发动机，结构更简单。

在不同的云城之间，太阳能飞机更为实用，它不用燃烧推进剂，而是用电能驱动，能够在无氧的金星大气里飞行。地球上早就有太阳能飞机，只是由于光电转化效率差，一直无法大规模运用。金星云顶的光电转化效率更强，太阳能飞机大有用武之地。

金星上一个白天长达117个地球日，在赤道上，太阳能飞机只要保持13.4公里的时速，就能永远待在阳光下。理论上讲，太阳能飞机在金星上永远不需要降落。

最近，俄罗斯想重返金星，为此制订了"金星D计划"，要把一个"风力飞行器"投入金星大气，它就是一个大风筝，下面吊着科研仪器。金星大气的中高层风速非常大，风筝也是种很好的飞行工具。

实际上，云城本身也是飞行器，它就是放大了很多倍的飞艇。金星大气高层存在"超旋"现象，风速极大，每4天就绕金星表面一周，而金星要243天才自转一圈。所以，如果云城只是做无动力飘浮，就会经常被大气带到金星的夜半球，削弱阳光使用效率。

当然，云城体型巨大，即使有动力，也未必能完全克服强风，固定在金星表面某个位置，所以，云城会在金星的昼半球做无动力飘浮。一旦进入夜半球，可以沿着风的方向加速，争取早点越过黑夜。另外，云城有了动力，还能根据需要互相靠近，或者驶向某个目的地。

即使高度自动化，一座云城农场还是需要十几名到几十名工人。生物节律又决定着人的生理、代谢活动和行为过程都需要以 24 小时为周期的昼夜节律性，所以，云城里面会开辟人类居住区，并形成人造黑夜。

09　**奢侈生活**

从加加林开始，宇航员就过着比僧侣还艰苦的生活。他们蜷缩在狭窄的空间里，来来往往都要人贴人，几乎没有个人隐私。他们吃着几万块钱一顿的饮食，但是些压缩食品，那些压缩食品能量虽然够用，分量却只能让人半饥半饱。

从开发小行星到开发月球，早期太空英雄们也都必须过节俭的生活。只有到了金星以后，他们才终于可以奢侈起来，很多方面甚至可以超过在地球上的生活。

云城居民拥有巨大的空间，因为云城里充的是空气，人们可以在这些巨型温室里自由行动，而且不用穿任何防护服。

当然，那些用作农场的云城由于植物有蒸腾作用，空气会比较闷，但是农场有上百万立方米，隔离出一片居住区并不困难。其他用于工业加工和科研用途的云城，内部空气可以调节到很舒适的状态。

云城居民近水楼台，可以吃到的新鲜食品多于地球之外任何地方。大部分云城就是农场，少部分工业云城和科研云城，固定翼飞机会把新鲜食品及时运到，远快于太阳系其他地方的移民。

在此之前，太空中的人类只能实施食物配给，没有条件敞开来吃喝。直到有了金星云城农场，宇宙居民才能恢复到地球上的食物拥有量，甚至更多。

所有云城本身都能进行太阳能发电，如果能量仍然不够用，可以在金星同步轨道上建设太阳能电站，效率高过地球一倍，再通过微波传输方式，将电力发送到一座座云城上。

这种方式在地球上也可行，只是要穿过地球大气中的云雾，会造成能量大量损失，而金星云城都建设在云顶以上，没有云雾遮挡，更适合微波传输。

云城要在大气层里移动，而金星轨道上的太阳能电站位置固定。解决方法就是在不同位置建立多个太阳能电站，以中继方式为同一座云城供给能量。

有了充足的太阳能供应，云城居民也不用节省能源。我们的金星后代人均能源占有量会达到地球亲戚的10倍以上。

甚至，云城居民可以方便地丢弃生活垃圾。只要把垃圾集中起来，倾倒进大气层就行了。农村的土灶如果使用柴草，中心火焰只能达到300摄氏度。相比之下，20公里高的金星大气就有400摄氏度，整个金星大气就是巨型焚化炉。

当然，这也不意味着金星居民就会大手大脚，毕竟很多生活资料还要从太阳系其他地方运来。除了植物药，金星也不是制药的好地方。云城里也不方便制造精密设备，这些都要在太阳系其他地方制造，可能主要还是靠地球。

10 　寻找阿登星

太阳系里绝大部分小行星在地球轨道之外，地球轨道以内有没有呢？当然会有，不然的话，水星表面那么多环形山是怎么来的？

只不过，如果小行星的轨道在地球轨道之内，阳光会掩盖它，使之不容易被观察到。天文学上把轨道完全位于地球轨道内侧的小行星称为

"阿登类小行星"，以这类天体中第一个被发现的阿登星来命名。它们中离太阳最近的已经贴近水星轨道。有人猜测，在水星轨道内部还可能有个把小行星，但迄今没有被发现。

在近地小行星中，这类天体只占22%，由于无法观测，经常是飞入大气才被发现。2013年2月15日撞击俄罗斯车里雅宾斯克的小行星，就属于这类天体。

阿登星位于地球轨道内侧，但却在金星公转轨道的外侧，从金星上往外观察，很容易发现它们。所以，人类会把望远镜发射到金星轨道上侦察阿登类小行星。

美国有个民间宇航组织就提议，在金星轨道上部署"哨兵"卫星，用红外望远镜监控小行星，试图找到所有直径140米以上的阿登类小行星。中国的钱学森空间技术实验室也提出计划，在金星轨道上布置6到8颗微小卫星，搜索附近的危险小天体。

此时的人类已经拥有小行星原位开发技术，找到它们就能驾驭它们。以金星为基地，人类可以派出捕捉小组，一一捕获这些小行星，再通过"消旋""制动"等步骤，把它移入所需要的轨道。特别是金星本身还没有卫星，人类很有可能给它送来第一个天然卫星。

太空中的小行星除了绕太阳公转，自身还会自转，所以，抓捕小行星时都要进行"消旋"作业。对于十几米到几十米的小行星，可以用绳网飞行器全部兜住，然后将安全气囊紧贴在小行星表面，通过施加压力的方法，让小行星停止自转。

上百米到数百米的小行星，可以系上一个质量很大的人造小卫星，把小行星的角动量转移到小卫星上，再把小卫星释放掉，完成消旋处理。

如果小行星直径接近一公里，质量达到千万吨，那就需要派出多艘制动飞船，贴在其表面的不同位置，启动姿态调整火箭，把小行星当成大飞船来操作。

在地球和金星两面包围下，人类可以发现和控制全部阿登类小行星，一劳永逸地解决小行星带来的危险。

在整个"太阳系经济圈"，开发金星是至关重要的环节，可以为开发其他地方打下坚实基础。开发到这里，宇宙经济可能才会与地球经济实现贸易平衡，人类不用再单方面地从地球输血。

但是这还不够，毕竟，开发宇宙的总方向，是要实现资源升级。那么，新目标应该定在哪里呢？

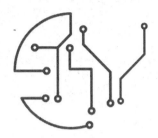

第八章 从此升级换代

　　在内太阳系站稳脚跟，人类的资源已经足够我们把目光投向外太阳系。那里离太阳那么远，但绝非一无所有的苦寒之地。那里有能源，有空间，有水，有氧气，人类生存的一切资源那里都有，并且，数量比内太阳系的还多得多。

　　走到那里的人类，将会拥有我们今天无法想象的富足。

01　自给自足之地

1991年，苏联还没有解体前，苏美科学家曾经坐在一起，讨论能否做载人火星考察。讨论的结果是，凭借两国当时掌握的技术，完全可以实现这一点，前提是要花费400多亿美元，这也不算是个天文数字，只不过无论科研价值还是工程价值，花这笔钱都是比较肉痛才作罢。

假设人类已经在近地空间形成强大的工业生产能力，又能够开发近地小行星、月球、金星和水星，在太空中积累起足够资源，下一步总该去火星了吧？

当然不是！虽然移民火星这个梦人类做了将近一个世纪，可是，即使金星云城体系建立后，火星也不是下一步宇宙开发的合理目标。

火星之于人类，最大的资源是它的固体外壳，其面积相当于地球的陆地面积。由于有稀薄的空气，人类穿着增压服而不是宇航服，就能在火星表面活动。然而，如果不对火星环境进行彻底改造，这片陆地的实用价值就很小。

是的，火星上大概率会有水，有丰富的铁，但这些资源和前面提到的那些地方的资源比，很难说有多么紧俏。火星其他矿产资源相对贫乏，或者品相不好。最麻烦的是火星本土能源不足，长期需要外界输入，这是开发建设的大忌。如果现在就着手建设火星，即使长期输血也很难建立完整的经济体系。

宇宙开发的首要目标是掌握更多资源，太阳系里最大的资源宝库在哪里？答案是木星系！

"八大行星"的说法会掩盖太阳系质量分布的真实情形。其实，可以把太阳系比喻为一个西瓜、一个葡萄和一些芝麻粒。在太阳系里面，除太阳之外的所有天体，即使将边边角角的小天体都加起来，总质量也只有木星的2/5，它就是太阳系的副王！

木星凭借其强悍的引力，吸附了太阳系早期形成的许多小天体，建立起微缩版太阳系。在木星卫星里面，个头大的超过水星，小的直径只有几公里。木星把它们聚拢在自己周围，做规律的周期运动，相当于帮助人类聚集起一大批资源，通过变轨就能在木星各个卫星间飞行。

人类到此已经拥有开发小行星的技术，而且在火星和木星之间有个小行星带，但是里面所有小行星加起来，质量也抵不上一颗大号的木星卫星。

几乎没人讨论如何开发木星，是因为以21世纪初的人类技术，这完全是天方夜谭，但是，如果人类已经迈上前几个台阶，这一级也并非高不可攀。

远征木星，人类需要庞大的船队。而此时，人类已经掌握轨道组装技术，生产百万吨级的太空驳船来运载设备、人员和补给。通过月球和水星的开发，以氦3为基础的核聚变技术已经成熟。

从金星云顶上给木星系运输食物，虽然路途遥远，但数量足够巨大，能长期支持开拓者在木星系生活。金星出产的海量碳纤维正在完成材料革命，逐步替换金属，用于制造巨型航天器。灵神星还能提供大量稀有金属。

万事俱备，人类开始了资源升级之旅。

02　更好的水库

把谷神星比喻为太阳系的水库，那是宇宙开发第一阶段的事情，它的供应对象是月球、水星、小行星、太空城或者金星云城。一旦进入木星系，就不再需要谷神星的支持了。

据说，战国时期天文学家甘德凭借肉眼看到了木卫二，虽然未经证实，但木卫二确实很亮。因为它有个厚厚的冰壳，强烈地反射着阳光。对这个冰壳的厚度有各种推测，在1公里到30公里之间，这个壳还十分光滑，只是在个别地方有数百米的隆起。

理论上讲，木卫二应该饱受撞击，有很多环形山，但它们都被火山运动抹平了。不过，这不是地球上那种"正常"的火山，而是冰火山。从内层喷出来的热气凝结成水，流到低处，凝结成冰，抹平了地形。

由于引力小，木卫二上的喷泉高达200公里。遇到这样的喷泉，飞船直接靠近就可以取水，类似于在谷神星的天空中提供人造喷泉中的水。

在木卫二的厚冰壳下面，还有一个深层海洋，厚度估计在100公里到160公里之间，并且可能会有生命存在。在科幻片《欧罗巴报告》中，你会看到木卫二的英姿。这部电影以冰下海洋有没有生命为题材，拍成了恐怖片。实际上，那里即使有生命，也只是很小的嗜极微生物，不可能有大型动物。

连冰带水，木卫二上的总水量达到地球上水量的两倍！之所以没在第一时间推荐它，而是建议先开采含水小行星，完全是考虑到人类深空飞行能力一时达不到，难以输送大型工业设备进入木星系，但只要这天到来，第一步就是在木卫二采水。除了喷泉，更可以在溜冰场般平坦的木卫二表面建立取冰站。大部分的水将用于工业和生活，小部分还可以电离成氢和氧，供化学火箭使用。

想想《火星救援》里的马克，他可怜兮兮地用火箭推进剂制造出一点点水，才能种土豆养活自己，你就知道为什么木星比火星更值得作为开发目标。

然而，要论水的总量，木卫二远不如它的长兄木卫三，后者不光是木星卫星中的老大，也是太阳系最大的卫星。如此大的天体，根据其比重来分析，可能高达一半的质量都是水。内部同样有液态海洋，并且还不止一层，总深度可能超过1000公里。算下来，总水量达到地球的

30倍!

木卫三水如此之多，但是它并没有木卫二那样的冰壳，表面有相当多的岩石部分，这也使得木卫三不如木卫二亮。

木卫四的含水量也远超地球，且同样以冰的形式储存于表面。在这些天体上，根本不需要像在月球、水星和火星上那样，反复搜索哪里有水。只不过由于它和内太阳系的距离超过谷神星，这些更丰富的水不需要往内部调运，只需供木星开发之用。

如果人类在木星站稳脚跟，甚至会觉得地球是个缺水的天体。

03　　特种能源

人们一直在谈月球上的氦3，只是因为它离我们最近。离太阳更近的水星，接受了更多的氦3，据估计，水星上的氦气总量可能是月球上的8倍。

不过，它们加起来都无法与木星相比。最大的氦3库是木星的大气层！氦气在里面占据24%，虽然氦3是比例稀少的同位素，只有总量的0.03%。但是如此大的氦气存量，完全可以支撑对氦3的工业化开采。

目前介绍氦3的文章，都说月球上的氦3能够支持人类使用1万年，但那只是根据现在的工业能耗来推论。如果以1900年的消耗水平，10亿吨汽油也够人类使用1000年。能量消耗提升后，月球上的氦3也会捉襟见肘。

月球上的氦3来自太阳亿万年的馈赠，属于不可再生资源，在那里采集氦3，和在地球上开采石油的情形差不多。水星的情况与月球类似，也只是一个更大的不可再生的氦3矿。并且，从月壤中采集氦3需要把月壤加热到700摄氏度，工艺复杂，每加工1500吨月壤才能得到1克氦3。

相比之下，将采集器投入木星大气，就可以提取氦3。无论以氦3的存量，还是采集的简便性，都让木星成为最大的氦3能源库，它不仅能够供当地开发，也能立刻反哺内太阳系，包括地球。

除了氦3，木星系里还有很多特殊能源值得开发，首先便是冷汽发电。

2016年1月13日下午2点，美国"朱诺号"飞船打破了太阳能探测器最远航行纪录。当时它就在木星轨道上飞行，靠三块太阳能电池板供能，从地球出发时，它们能提供14千瓦电力。由于太阳常数越来越小，到达木星轨道后，功率与之前相差35倍之多，只能点亮几个灯泡。

距离太阳很远，太阳能发电不足以支持工业级的能源，一种新奇的装置将会普及，那就是冷汽发电机，它和地球上汽轮机发电的原理一样，只不过它把工作介质从水换成了干冰。

冷汽发电机使用地球上已经成熟的光热发电技术，用大面积的反光镜，把阳光聚焦在储存介质的容器上，通过"晒"的方法来增加温度。由于干冰在零下78摄氏度便升华，所以气化它所消耗的能源远小于蒸发水。

木星卫星空气稀薄，只要在地面设置太阳镜，就能直接进行冷气发电。冷气发电使用的介质二氧化碳，木星系里不算丰富，主要从金星运来。届时，以木星的氢换取金星的二氧化碳，可能成为两地之间一个重要的贸易内容。

另一种能源是木卫一上的地热资源。木卫一是太阳系里罕见的有火山的卫星。由于经常爆发，反复改变地表，木卫一上甚至很难找到撞击后的环形山。

由于木星引力强大，木卫一的近木点和远木点承受的引力有差异，在这个天体上能产生高达100米的垂直变化。天体内各部位之间反复摩擦，生成热量，这是木卫一火山的能量来源。

不过，除了火山喷发、岩浆奔流的地方，木卫一的表面整体上很冷，仍然可以建设工业设施，并在其地热丰富处建设地热电站。

04 气体宝库

在科幻片《木星上行》中，外星人把工厂建在木星大气里面。那里确实有重要的工业原料，不过不是电影中讲的什么长生素，而是前面提到的氦3，还有氢气本身。

木星表面重力是地球的2.5倍，但它的大气密度极高。在木星大气顶端，也就是人类用天文望远镜看到的外壳外，约为1个大气压，所以人类也能像在金星上那样，制造充气浮城，让其飘浮在木星大气顶端进行采集工作。

不过，人体承受不了这种重力，木星本身还有强烈的辐射。所以，人类像《木星上行》那样直接住在木星云城里是不行的，一举一动都像背着沙包。木星大气采集厂都是自动机器人工厂，人类要待在外围进行遥控。

1995年，木星大气迎来了第一个人造物体，美国"伽利略号"木星探测器的再入器，它张开降落伞，向木星大气深处坠落，一个小时后被20个大气压的压强摧毁。如今，"朱诺号"探测器正在环绕木星飞行，预计到达使用寿命后也将坠入木星大气。可能在一两个世纪后，长期驻扎的云城会成为它们的后代。

这里还有一个难题，就是如何克服强大的引力运出产品。木星逃逸速度高达每秒59.5公里，货运飞船需要强大推动力才能移动。即使如此，也不可能一步就挣脱木星引力。

如果要把气体原料运输到木星系之外的地方，那就需要在环绕木星的轨道上不断变轨，拉长半径，经历几个公转周期后才能以直线离开。如果只是把木星大气中提取的原料运往它的卫星，就只需要反复变轨。

木星是储备无比巨大的氢库，氢是人类要提取的主要气体。这么多氢做什么用？答案是，把它们运往金星，通过"博施反应"生成水和碳。这种反应需要527摄氏度以上的温度，还需要铁、钴和镍做催化剂。不过，当人类能够进军木星时，这些条件都很容易在金星云顶工厂上实现。

"博施反应"生成的水和碳，都是人类生存必需品。氢和二氧化碳还可以通过"萨巴蒂埃反应"，生成水和甲烷，后者作为推进剂和化工原料，也是工业必需品。"萨巴蒂埃反应"超过177摄氏度就可以发生，只要把反应釜放到金星大气稍低位置飘浮，从周围环境里就能获得这样的温度。

第一船木星氢块运到的日子，会成为金星居民的节日。从此以后，他们再也不只是靠金星大气里稀少的水蒸气了。金星农场可以种植地球上的所有农作物，包括柑橘这种耗水大户。

为什么开发木星要排在金星后面？不仅是因为距离更远，也是因为金星会扮演木星产品买家的角色，给木星开发提供第一桶金。

除了木星本身，木卫二和木卫三都有以氧为主的稀薄大气，太阳风照射它们表面的冰，电离出氢气和氧气，氢气飞入太空，氧气附着在表面，这也是人类离开地球后，第一批能直接采集氧的好地方。

05　新资源

离开地球，踏上远征，有某样东西可能长期需要地球供应，那就是食盐。直到人类开发木星系之前，一路上都找不到盐类矿藏。

盐类矿藏并非只有食盐，还有其他成分。即使在地球上，大部分盐也不是供食用，而是作为化工原料。盐类物质可以制造烧碱、漂白粉、药物原料，还会应用于玻璃、染料和冶金工业。在宇宙开发中，直到木星系之前，上述工业由于缺乏盐类物质，都难以在太空中展开。

在木卫一的表面，火山活动可以使局部温度升到1610摄氏度，这个温度足够令岩石中的钠和钾与氯反应，生成氯化钠和氯化钾。前者已经通过仪器在木卫一大气里找到，后者在理论上推断也应该存在。

由于大部分地方表面平均温度并不高，这些金属盐遇冷凝结，降落到木卫一的表面，成为容易开采的盐矿。甚至，我们会找到大面积的盐壳。

木卫二的深层水含有大量盐分，由于它们的存在，这些水成为高卤水，熔点下降。在木卫二上，冰壳厚度不一，厚的地方接近地球的地壳厚度，薄的地方直接喷发成喷泉，高卤水会被带到表面。

即使要在木卫二的冰壳上钻井，也比在岩石上钻井容易得多，采用光学方法就行，可以直接用太阳光聚焦阳光，进行照射，也可以使用集热光纤，或者激光钻孔。在这里我们会再次发现，宇宙中某些地方从事与地面类似的作业，能源消耗比在地球上消耗的少得多。

木卫四也同样有个冰下海，里面溶解的盐类物质多达5%，不过它上面的壳体厚于木卫三和木卫二，开采难度稍高。

从木卫一到木卫四，人类应该先在哪里建设基地？目前的说法是先在木卫四。木卫四离木星有188万公里，辐射较少。

在木星里面，到处都是有机化工原料，可以在那里形成完整的有机工业链。仅在木星大气里，就有氨、甲烷、乙烷、乙炔和联乙炔，它们是木星大气中的稀有成分，总量巨大，且以气体形式存在，便于采集和加工。

氨、乙烷、乙炔和联乙炔都是化工原料。甲烷可以制造炭黑，乙烷可以制造乙烯，另外，甲烷是化学火箭的重要推进剂。人类离开地球，只能在金星农场里获得少许有机原料。直到这里，有机工业才得以大规模开展。

在木卫一的表面，二氧化硫由于火山运动喷出来，又落到地面结成霜，储存在那里，它是一个重要的有机溶剂。

木星还有个特殊资源，就是它那巨大的磁场。木星磁场超过地球磁场14倍，是太阳黑子之外，整个太阳系里最强大的磁场，磁尾能够延伸到6000万公里远，它将太阳风屏蔽在外，并在磁尾处汇集。将超导电磁收集器置于木星磁场的磁尾处，便可以收集太阳风中的物质。

06 人类空间再升级

从伽利略用天文望远镜对准木星到现在，人类已经发现79颗木星卫星，其中有很多是木星俘获的小行星，个别卫星轨道延展到距离木星两千多万公里远，形成一个大小相间、错落有致的微型太阳系。

那么，哪颗卫星是人类理想的定居点？并非那几颗大气稀薄的大型

134

卫星。在距离木星967万到1370万公里处，有一颗小卫星在旋转，它的排行是木卫七，1905年才进入人类视野。

把它开发成定居点？是的，木卫七直径只有86公里。《星球大战》中的死星，或者《银河英雄传说》中的伊谢尔伦要塞，差不多就是这种尺度。算下来，木卫七内部有33万立方千米的体积！所以，为什么不把它改造成一座太空城？

人类已经掌握小行星挖掘术，于是，可以在这里做一次规模空前的挖掘，任务是挖出几层球形空间。每两层之间净高有几十米到一百米，挖掘时不会把每层都挖空，要留下很多岩石部分，保证不同球层互相连接。最后，制造出类似象牙雕刻的多层小球结构。

人类进入这种多层球形空间后，要头朝球心、脚朝外侧工作和生活。由于木卫七在自转，形成离心力，可以让人在外壁上站稳。通过调整木卫七的自转周期，用离心力来模拟重力环境。在这里，人类重新回到了熟悉的地球重力环境。

从这几层人类居住空间向球心进发，离心力会越来越小，到达木卫七的质心，将处于失重状态。由于木卫七非常小，那里估计也不会有滚烫的熔岩，或者任何地质活动。直接挖出球形空间，就可以安置零重力工厂。

木卫七的逃逸速度只有每秒50米。在其表面将小汽车加速到180迈，就能进入太空，物资和人员运输会很方便。不过，木卫七离资源丰富的木星核心区很远。所以，需要用一批巨型制动飞船吸附在木卫七表面，调整其轨道，让它一圈圈地驶入内环。这个过程可与空间挖掘过程同步进行。

木卫七的质量高达8.7万亿吨，将是人类进行天体重定向的最大对象。不过，随着掘进工程的开展，部分木卫七的质量会抛入太空。而且，和把几千亿吨金属运到这里搭建同样规模的太空城相比，这还是要经济得多。

最终，改造过的木卫七将进入内轨道，与木卫三和木卫四相伴，它可以容纳1000万居民。与木卫七相比，木卫八直径只有50公里，更易加工，但它与木星的距离扩大到2000万公里外，改变轨道耗时太长。

木卫六离木星的距离和木卫七差不多，但是直径达到170公里，改建工程更为庞大。综合比较，在木卫七上进行此类工程是首选，通过它积累经验，再瞄准同类型的几个小卫星，开展相似工程。

为什么不住在几颗大卫星上？因为人类无法把它们改造成离心力接近 1 g 的太空城，其表面重力又和月球差不多，均非久留之地。

当这些工程结束后，三颗小卫星会排队在内层运行，居住着数千万人，成为木星建设大本营。

07　在土星重演故技

当人类开始开发金星时，太空经济可以自给自足，而当人类开发木星时，太空经济才可能达到地球经济的规模。注意，不是今天的地球经济，而是一两个世纪后的地球经济。从那以后，人类经济主体会转移到天上，并且以不可阻挡的速度发展下去。

掌握了木星系的超级资源，人类才算离开母亲的脐带，真正成为太空种族。这是千载难逢的机会，周围数百光年内不乏宜居行星，但是在 γ 射线暴、超新星、小天体撞击与恒星发热量骤变的重重打击下，智慧生命可能连形成的机会都没有。

但是这还不够，人类还有更远的征途需要去走。在木星系站稳脚跟后，下一步就轮到了土星。两者资源相差无几，而由于引力没有那么大，进出更方便，土星也会成为开发热点。

水当然是第一要素，土星那个唱片般的美丽光环是个天然大水站，由无数围绕土星公转的小冰块构成，厚度却只有几米到十几米。这意味着一艘飞船接近星环，开始伴飞，再伸出机械手，就可以无限量地采集冰块，这比在月球或者谷神星上采水还要方便得多。

虽然谷神星或者木卫二以水冰比例极高著称，但都比不过土卫二，这颗直径1062公里的卫星比重低于水，意味着它就是一个大冰块。土卫二内部也有液态水，会形成喷发，由于它就在土星环内运动，喷出的水变成冰，直接形成环的一部分。

和土卫二一样，土卫八也基本上是一块冰，只是直径小一圈。其他如土卫四、土卫五等卫星，水冰都占总体积的一半以上。人类到了土星，完全不需要考虑水的问题，当然也就不用考虑氧和氢的问题。所以，派往土星的第一艘工业化飞船肯定是采冰船，人们需要为后续各种开发准备好水这个关键要素。

和木星一样，土星本身也是个天然大氢库，它的逃逸速度是每秒35.49公里，比木星小了将近一半，这意味着在土星上采氢，会节省很多能源。虽然路途更远，但只要开采活动成为序列，一船船氢气排队运输出来，那多出的几亿公里并不是问题。

大大小小的土星卫星可能超过200颗，有很多体积小的卫星可以加工成土星版本的死星基地。土卫十三可能是首选，它的直径有150公里，超过前面提到的木卫七和木卫八，但小于木卫六。同时，它离土星只有135万公里，距离适中，不需要移动其轨道，原地就可以建设为太空城，作为土星开发大本营。

什么？土星离地球太远？确实有点远，但是有强悍的核聚变发动机相助，此时的电喷火箭已经可以把飞船速度提升到每秒数百公里，土星系统早就不再遥远。并且前面也提到，开发宇宙不能总想着怎么把资源搬回地球，重蹈西班牙人的覆辙。开发土星资源的目标，更多的是为探索深空做储备。

08　下一个中继站

有人编写过一份天体宜居度指数排行榜，参考数据包括星球表面是否有岩质，有没有大气和磁场等。综合计算下来，太阳系里面宜居度最高的不是火星，而是土卫六。由于这个指数将星球表面性质作为重要参照，所以没把金星列入，与实际有些不符。不过，土卫六确实能算太阳系里面的第二号宜居地。

　　到目前为止，人类已经发现的土星卫星大家族里面，土卫六无疑是长兄，也是太阳系里面的第二大卫星。

　　土卫六上面有浓厚的大气，其中98.44%是氮！在太阳系中，除了金星和地球，就只有这颗天体富含氮气。氮与氢化合后，会生成氨，氨是重要的肥料，可以供外太阳系中各种太空农场使用。

　　另外，土卫六深处就含有天然的氨，但是目前不知道需要钻探到多深才能采集到，是用合成法采集还是直接采集，留给土卫六的开发者们考虑。

　　在太阳系里面，除了地球，只有土卫六表面有液态物质。不过不是水，而是大量碳氢化合物，包括巨大的甲烷海洋。如果把它们折算成热量的话，相当于地球上各种化石燃料总和的数十倍。飞船携带液氧，在当地灌上甲烷，就是良好的推进剂。大量的甲烷用于化工，可以生产甲醇、乙炔、乙烯、甲醛等一系列产品。

　　土卫六的大气很厚，地面大气压达到地球表面的1.5倍，但是土卫六的重力很低，仅相当于月球，这样的环境是空天飞机的理想用武之地。仅用地球表面几分之一的推进剂，空天飞机就能在土卫六表面轻松起飞，载重量也比地球上的空天飞机大得多。

　　土卫六上气压很大，所以人类在土卫六表面不需要穿抵抗真空的宇航服，只需要配备氧气瓶，在土卫六表面重力很低，意味着人类户外行动能力大大提高。

　　科幻片《超能泰坦》就以人类迁移土卫六为题材，泰坦是土卫六的别称。电影里把移民过程搞得很复杂，还需要事先改造人体，以适应土卫星的大气。那部电影和绝大部分宇宙开发题材电影一样，都以现在的地球资源为靠山。其实，如果人类已经能够成批抵达土卫六，用所掌握的技术简单地建设地面站就行，并不需要改造人体。

　　人类不会到了火烧眉毛的时候才想起移民太空，这是一个漫长的、一步一个脚印的过程。当脚印终于留在土卫六时，人类已经能够从容地建设科研站和工厂了。

　　由于条件相对优越，这里也将是整个土星社区的居住中心。一个人即使不在土卫六上工作，而是在土星系其他地方工作，平时也会住在这里，需要时通过空天飞机直入太空。

完成这两大气体行星的开发后，人类可能已经达到卡尔达舍夫文明指数中的一级文明水平。只是它并非在地球上完成，相反，地球资源的消耗可能还会下降，转而由太空来补给。

09 火星的前哨站

2017年，我进入CCTV10特别节目《飞向火星》制作组，负责撰写解说词。那段时间，我参加了多次策划会，和大家讨论火星地貌、资源、移民火星的过程，但是，印象中没有一个人提到火星的两颗卫星，也包括我。

后来，我又看到一些有关火星的科教片，既有中国的，也有外国的，还有不少介绍火星的科普文章，这两颗卫星都仿佛不存在，被大家彻底无视。

在这里，我郑重地向它们说声抱歉。前面说过，现在讨论太空，科研导向严重压倒工程导向，这就是一例。两颗卫星那么小，上面又不可能有生命，极少有人关心它。然而，如果你认真读了前面的内容就会发现，如果人类要在火星建设前哨站，最佳地点不是火星表面，而是它的卫星，随便哪一个。

它们都是被火星俘获的小行星，如果在小行星里面比大小，它们的个头也才算中等。火卫二的逃逸速度只有每秒5.6米，人在上面跑步就能飞入太空。火卫一的逃逸速度也只有每秒17.2米，人类可以骑自行车进入太空。

相比之下，火星逃逸速度高达每秒5公里。前面提到过的各种廉价发射方式，大部分在火星都不可行。火星大气稀薄，用气球和飞机发射，甚至用航天飞机和空天飞机都不灵光。在火星表面建发射轨道耗资巨大，最好造的只有可重复利用的火箭，但所有推进剂都要从外面输入。

为什么不把第一个火星基地建在卫星上？它们可都是天然的空间站。正是由于逃逸速度有天壤之别，到现在还没人计划从火星表面采样后返回地球，所有火星着陆器都只是在降落后传回信息。但是在1988年，苏联就向火卫一发射过采样飞船。这艘飞船重达4吨，在当年可谓兴师动众，可惜后来失联了。

即使以今天的技术条件，在火星卫星上空悬停和采样，也已经可以实现。我把本节内容放到这一章，也是因为当人类掌握小行星重定向技术后，完全可以在火星卫星上开辟前哨站。

这两颗卫星均已形成潮汐锁定，始终有一面朝着火星，无论是观测火星，还是建立与火星表面的通信联系，都是合适的场所。利用已经掌握的小行星空间开发技术，可以在它们上面开辟出宽广的工作和生活空间，架设很多仪器设备，远胜于体量很小的人造火星卫星。

宇航员下降到火星表面再升空，需要大量推进剂，进出火星卫星却不用。在更接近火星的火卫一上，可以建设大型轨道发射场，接送从小行星带和月球飞来的飞船。如果需要对火星表面进行考察，从这里派出无人飞船和机器人，在火星上软着陆，再在火卫一上遥控，也比派人去方便得多。

甚至，两颗卫星上可以建设小型太空农场。火星大气以二氧化碳为主，可以派无人飞船采集。这里光线不足，可以采用人工照射。一般认为火星地表下有冰，即使没有，从正在开发的谷神星运水也很方便。

当然，人类总要占据火星表面，但不是在这个阶段。与其他开发目标相比，火星的最大价值在于地面，人类需要全盘改造后加以利用。但是，人类只有在掌握两大气体行星的资源后，才有能力完成这个创世工程。

10　天上的艺术家

人类的脚步已经拓展到木星，宇宙开发的成本较初期肯定会大幅下降。新一代艺术家们也能跃入苍穹，一展宏图。与前辈不同，宇宙时代的艺术家不仅不排斥科学，还会关注科学，运用高科技完成创作。

当人类能够对50颗小行星变轨重置以后，小行星就成为普通材料。大型文化公司也会有能力派出制动飞船，搬一颗小行星放置在某个引力平衡点。一颗几十米长的单体小行星，是太空雕塑的完美材料，使用激光烧蚀技术，这种体量的小行星完全可以加工成总统山那类雕像群，并且在宇宙中存在亿万年之久。

既然是宇宙时代的艺术家，首先会为开启这一时代的伟人塑像，将会有哥白尼、伽利略、牛顿、齐奥尔科夫斯基和加加林的雕像在太空中飞舞。当然，艺术家要在安全距离外完成雕塑，清理好碎石，再把雕像牵引到位，向观众展示。

如果是数百米直径的小行星，艺术家会在它们的外表面清理出一块平地，在上面绘画。更大的小行星要挖掘出内部空间，可能是长、宽、高各一公里的太空城。艺术家们要用光影技术，把整个内壁加工成巨画，可能是幻想中的异星天空，也可能是有心理调节作用的地球景色，甚至是抽象色块。

在月球上，第一批月痕艺术完成后，刻画月壤的技术也会成熟。将来会有一块块足球场大小的月画，在地球就能用望远镜看到。在万古不变的灰色调中，月画可以大面积使用颜色，月面的色彩从此改变。

环形山外壁会出现群像，纪念从阿姆斯特朗开始，一个个月球移民的先驱者。在最大的月球工业基地旁边，可以开辟出露天实景剧剧场。不需要真人穿宇航服表演，有可能是3D影像，或者机器人在观众面前群舞。

在金星上飘浮的数百座云城，也不会只有冷漠的外表。太阳能电池膜能拼贴成图案，人们会看到一张张笑脸，一只只怪兽，也可能是一幅幅广告满天飞舞。在云城内部，顶端会铺设数百米长的巨屏，城里的人们找个位置躺下，就能观赏光影表演。

到了木星系，人们以木卫二的冰壳为幕布，从太空城向上面投出影像，制作出直径数公里的虚拟绘画。由于表面寒冷，千奇百怪的冰雕会出现在木星和土星的冰卫星上面，连绵数公里，甚至半个卫星的外壳，冰雕群在太空中清晰可辨。

宇宙开发者还会庆祝自己的节日，比如第一颗人造卫星上天的日子，第一个人踏上月球的日子，"地卫二"入轨的日子，或者首座云城滑入金星大气的日子。届时，无人机表演编队飞过太空城的内空，全系各处纷纷上演光影秀。

这还是能够直接观赏的艺术。小说家和传记文学作家更会早早加入这个行列，记录下人类探索宇宙的每次壮举。从地球直到土卫六，无数读者会阅读这些新的文学经典。

我们不仅处于科技大爆发的时代，也处于艺术大爆发的时代。科技进步为艺术家提供了无穷的想象力和创作手段，宇宙不仅不是艺术的坟墓，相反，新一代艺术家会在那里诞生。

微信扫码领取【科普小贴士】

| 未来社会展 | 科幻作品馆 |
| 职业排行榜 | 笔记小论坛 |

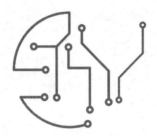

第九章　再接再厉

以地球为模板去改造一颗星球，把它变成第二个地球，这只有在开发木星后才能提上日程。地球没有那么多资源可以利用，但如果集合半个太阳系的资源，人类完全可以创造自己的新世界。

或许，这还是一系列星球改造工程的先声。

01　夹击火星

一边是地球和金星，一边是两大气体行星，人类只有掌握这两大资源宝库，才能着手开发念念不忘的火星。

土地是火星最大的优势。在太阳系宜居带里面，金星地表不能使用，火星上这1.4亿平方公里土地远大于月球，并且有大气。火星日与地球日只差一个多小时，火星在所有行星里最接近地球的节奏。

万事先从能源起。火星的空气和金星的空气一样以二氧化碳为主，火星地表下可能埋藏着水冰，把冰取出来融化成水，电解成氢和氧，然后用氢和二氧化碳进行萨巴蒂埃反应，能够生成甲烷和水。

整个过程中，最终产物是甲烷、氧气和水，前两者是化学火箭的首选推进剂。人类向火星发射过很多着陆器，却迟迟不能带样品返回，就在于从火星升空需要大量推进剂。如果像登月那样都从地球带过去，成本过于高昂，所以，先送上一些设备，让它们在火星原位制造火箭推进剂，才能为后续开发打下基础。

开发火星有两种方案，一个是建设大型火星城市，这是现有技术条件许可的。不过，火星城的选址可能不在它的表面，至少一开始，熔岩管是个好地方。

火星几乎没有地质运动，重力也小，保存着比地球大得多的熔岩管，直径在40米到400米之间，足够建设大型定居点。

此前，人类已经有了在月球熔岩管建城的经验。两者有同样的优势屏蔽宇宙辐射，消减昼夜温差。把建设月球熔岩管城市的经验搬到火星，轻而易举。

火星离太阳远，表面又有沙尘，太阳能利用率不高，但是火星也有狂风，人类可以间接利用太阳能，也就是利用风能，开展风力发电。不过，火星上的风速虽然快，但是空气稀薄到只有地球的1%，所以，火星风携带的能量并不多。

开发火星风能，需要寻找特定的风场。目标是在环形山周围、盾状火山或大型盆地的低角度斜坡，以及丘陵沟谷的风道。不过，火星表面无法扯出很远的电线，这些风电必须就近使用，也就是就近建设人类基地。而这些地方不大可能同时有熔岩管，因此只能在地面建城。好在火星风的强度有限，地面城市也容易抵御。

火星大气虽然稀薄，也能够使用飞机。不过不是地球上这种飞机，而是充气飞机，它有宽大的充气机翼，并且不带动力，这样就取消了发动机和推进剂所占的重量。充气飞机只做滑翔飞行。

然而，如果看完前面那些宇宙大开发计划，这些都显得小打小闹。如果在火星上只能做这些项目，可能在地球附近建座太空城都更有价值。

人类对火星的终极梦想，就是彻底改造火星表面，把它恢复成以前有空气和水的样子。前面迟迟没有对火星动手，就在于人类资源不足以支撑这种野心。好吧，假设开发木星和土星之后，人类已经登上了那个台阶，我们可以对火星做什么？

02　重现大轰炸时代

历史上火星曾经有过液态水，如果这些水在火星表面全部铺开，能够覆盖200米厚，水量虽不及地球，也能制造出江河湖海的效果。火星大气曾经比今天厚得多，气温也比今天高。这些都有赖于太阳系早期大轰击时代，小天体不断撞击，给火星带来了水、气体和温度这三个宝贝。

由于火星质量小，再加上磁场消失，太阳风不断从高层大气里卷走物质，这些宝贵财富最终得而复失。所以，人类要彻底改造火星，第一步就是复制几十亿年前的密集撞击。

火星紧邻小行星带，一些小行星上含有冰。小行星带里有不少金属矿，但是散布在广阔的宇宙空间，东一个西一个，需要把它们集中起来，才能方便开采。

最初，人类在地球引力平衡点上集中一批小行星进行开采，那只是宇宙开发第一步的事情。有了木星与土星支持，就不用那么"寒酸"了。长达百米的核聚变制动飞船可以去捕获大号小行星，让它们变轨，把它们推向火星，把火星表面当成堆料场。

一颗铁镍小行星撞击火星表面，爆炸会让大量金属散落在撞击点附近。尘埃落定之后，到处都是几十公斤到几吨重的金属块，比在火星表面开采氧化铁矿更容易。

通过重定向技术让小天体撞击火星，不仅可以把水和矿物送上去，撞击时动能转化为巨大的热量，也会长久地留在火星大气里，将它逐渐烘热。由于是人造轰击，频率会远远高于自然过程，达到每年数颗到数十颗的密集程度，热量会在火星大气里迟迟不散。火星两极封冻的干冰也会受热气化，将大气变厚。

火星上的水基本都深埋地下，形成冰层或者冻土。每次天体撞击都相当于几十到几万颗氢弹，能击穿地表，让相当一部分地下水冰蒸发到大气里。同时，小天体里的冰会立刻蒸发，随着大量尘埃飞卷起来，被冲击波带到火星各处，大气逐渐变得厚重而温暖。

撞击会导致大地震，尘暴也会比平时更激烈，如果火星表面有居民点，将会无法运行。前面之所以不主张在火星上建城，而是在火卫一、火卫二建前哨站，也就是考虑到后面会有人造大轰击。

曾经有人计算过改造火星环境的时间，认为要花一万年。但那只是根据人类现有资源水平做的计算。300年前牛顿设想发射炮弹超过地球逃逸速度，也曾认为那只有理论上的可能性。火星改造工程会在两三百年后进行，人类届时拥有的资源是今天无法想象的。

这样连续轰炸几十年，承受万亿吨水冰撞击后，火星大气成分会发生显著变化，浓度至少增加一倍，其中富含水蒸气，不排除个别地方已经在凝云降雨。这时，人工天体撞击频率才会减缓下来，以便进行后续改造。

火星质量只有地球的11%，即使几百米到一公里的天体，撞击效果也十分巨大。在这场外科手术期间，火星相当于屡受灾变，绝对不宜人居，只能保留科研站做监测和评估撞击结果。

03 进一步改造

轰炸火星一举多得，不仅可以改造火星大气，提升表面温度，还可以把小天体的资源高度集中。所以，人工轰击什么时候结束，要看小行星带和柯伊伯带的开发情况。我们需要挑选那些本身含有资源，并且人类可以移动的小天体，如果它们已经用得差不多，轰击便可以停止。

此时，火星平均气温已经大大提高。当然，还不能与地球相比。人类可以向火星散布高效温室气体，这个词已经被妖魔化，但起码在火星上，温室气体多多益善。最好的材料是四氟化碳，增温系数达到二氧化碳的6500倍。

自然界中不存在天然的四氟化碳，在地球上生产，不光资源不够，还有污染隐患，它们主要在木星系和土星系的化工厂里制备。四氟化碳的熔点是零下183.6摄氏度，把成品冻结成巨型冰块，放到太空驳船里，到达火星附近后，太空驳舱打开前舱门，并同时减速，四氟化碳冰块便凭借惯性飞入火星大气。

想当初火星失去水和大量的气体，一个主要原因就是火星内核停止转动，导致磁场消失，太阳风从高空吹走了这些宝贵资源。所以，大轰炸结束后，人类还要建造人工磁场，抵御太阳风侵袭。现在，人类已经在实验室里制造出相当于地球磁场200万倍的强磁场。将来，人类会在火星上以核聚变电站为基地，大量使用超导材料，建设大型人造火星磁场。

硬环境改变后，人类开始在火星表面撒布蓝藻，让这种先锋生命完成它们在地球上曾经做过的事，通过光合作用吸收二氧化碳，释放氧气。不过，这里的二氧化碳的密度大于氧气。地球表面上的氧气远多于二氧化碳，但是在火星上，最初生成的这点氧气会上升到大气层高处，而不像科幻片《全面失控》里描写的那样，宇航员摘掉头盔就能呼吸。所以，届时还需要先用人工手段收集这些氧气，等到数量足够多后再排放到大气中。

到了这一阶段的尾声，在火星表面最低处，可能已经出现小小的绿洲，成为人类第一批居民点。这时，火星表面已经散布着几万亿吨游离态金属，以铁镍为主，间杂着各种稀有金属，火星由此成为比地球更好的采矿点。

宇宙开发爱好者设计过各种改造火星的方案，我在这里并没有添加太多新东西。然而，那些方案都有一个致命缺陷，就是希望从地球出发后，第一步就开发火星。这样一来，只能由地球承担改造火星的后勤任务。

和宇宙中很多地方相比，地球资源并不丰富，还要供养地球工业和几十亿人，怎么能再去造一条给火星输血的脐带？所以，它们没有一个可以实施，人类只有先开发小行星、月球、金星、水星和木星，才有可能在红色星球上成为主宰。

04　真正的"氢弹"

人类能对火星地表动手时，一定已经在太空中生了根，建立起庞大的工业体系，能够调动百倍于今日的能源实现目标。于是，太阳系宜居带里面另外一个星球也成为改造对象。对，就是金星！有种假说认为，地球生命的祖先来自金星，现在人类可以重建故乡。

恒星的演进规律是越年轻越冷，几十亿年前，太阳光度比现在小得多，金星表面温度曾经和地球现在差不多，而地球表面则像火星那么冷。甚至直到7亿年前，金星表面可能只有二三十度，适合生命起源。

同时，当年金星上还有足够的水。在大轰炸时代，含水小天体不可能只光顾地球，不光顾金星。所以，金星曾经有孕育生命的一切条件，那里可能产生过微生物，甚至不排除有多细胞生物。

由于大规模火山爆发，或者天体撞击，金星表面一些物质进上天空，达到逃逸速度，离开金星飞到别处，其中一些也来到地球。迄今为止，人类在地球上发现过15块火星陨石，可见类地行星之间经常有碎片来往。想当年，金星陨石带着微生物撞击地球，并存活下来，成为我们的远祖，也并非不可能。

陨石撞击地面会发生高热，但有不少陨石落地后残余的个头仍然很大，里面可能包裹着微生物。有科学家研究证明，个别微生物能在几十万g的过载中活下来，足够承受陨石撞击地面的冲击。

未来，人类有可能改造故乡，让它重返宜居状态，方法就是投放巨量的氢。前面说过，通过萨巴蒂埃反应，氢与二氧化碳能够生成水和甲烷。此时，人类已经能从木星和土星采氢，再以固体形式运到金星工厂，下一步就是直接把它们投入金星大气。

执行这种功能的太空驳船需要改装，保证货物入口处的通畅。当它在木星大气里收货时，固体氢送入货舱，然后调转船头，通过一圈一圈提升轨道，最终达到逃逸速度离开木星。此时的太空驳船一次可运送千万立方米固体氢，虽然质量巨大，但是功率更大的火箭完全可以让它以每秒数百公里驶向金星。

太空驳船以出入口朝前的姿态接近目的地，在适当距离上打开舱门，船体减速。氢块由于惯性会飞出舱口，以原有速度飞向金星大气。太空驳船同时调整轨道，从金星旁边掠过。

这些氢块暴露在阳光下，会有一定的蒸发，但由于速度极快，大部分仍然能击中金星大气，直坠其底部的高温区，与二氧化碳发生反应，生成的水和甲烷会以气态弥漫在大气里。

它们都是温室气体，这个反应也会放热。所以，"氢块轰炸"最初仍然会令金星大气升温。但是随着二氧化碳不断消失，温室效应逐渐减弱，大气温度也会下降。低于100摄氏度后，已经弥漫在大气里的水就会变成雨滴，降落地面。不过，由于云城分布在云顶，不受下面气体变化的影响，所以整个金星经济运转无须停滞。

据计算，投入40万亿吨氢气后，海洋将重现金星表面。陆地上仍然很热，但已经可以建房定居。这个改造过程可能需要上百年，几代人都看不到收益。但是，为子孙后代建设备份星球，到那时已经成为人类的活动宗旨。所有宜居带行星，都成为人类的家园。

05　远征冰巨星

以前的教材只有"类地行星"和"类木行星"，现在科学家又划分出"类海行星"，或者叫"冰巨星"，包括天王星与海王星两颗行星。它们的表面与木星、土星类似，也由各种气体组成，但由于温度极低，这些气体大多凝结成固态。

在这两颗冰巨星中，天王星虽然离太阳更近，但内部热量比海王星少得多，所以，表面反而比海王星更冷。

这两颗冰巨星的表面以氢为主要成分，氢层下面是大量的甲烷、氨和水冰。由于氢的比重很小，所以虽然占比很高，但以质量而论，天王星主要是水冰。整个天王星的质量是地球的14.5倍，但是水冰质量能占到64%—93%。

鉴于水只占地球总质量的1/3600，仅以64%这个最低比例计算，天王星的含水量相当于地球的3.348万倍！

当然，包括氢在内，所有这些资源都可以为人类所利用。不过，木星和土星可以直接在大气里采氢，而且容易得多。所以，两颗冰巨星的主要价值来源于下面的水和有机物。

不过，这些冰深埋在氢层下面，不易利用，反倒是不出名的天王星环是个小冰库，它是几百万年前一颗天王星卫星破裂后形成的。可能在几百万年后又聚集成卫星。现在，人类可以派出飞船采集这里的冰。

天王星最大的卫星是天卫四，直径才700多公里，比谷神星还小，但它的主要成分也是水冰，可以解决很多补给问题。

在冰巨星区域，人类最好的落脚之处是海卫一，它的直径达到2000多公里，是海王星从柯伊伯带俘获的一个天体。海卫一表面积相当于中国国土面积的2.5倍！人类在那里建造基地，会有更多的选择。

海卫一外壳有25%是冰，这使人类有了生存保障。除此之外，海卫一表面还有冻结的氮、干冰、甲烷和氨，都可以作为工业原料。

更可贵的是，海卫一表面有很多喷泉，有的高达8千米，喷的不是水，而是液氮和液体甲烷。它们从内部翻涌出来，喷到高处后冻结再落下。在喷泉附近建设收集站，便可以截留这些液体矿藏。

海卫一还有金属核，占整个天体质量的2/3，在整个太阳系卫星中排第三名。这意味着某些部位地壳很薄，金属核心离地表很近，便于开采。

海卫一是太阳系里最冷的天体之一，但对于掌握了核聚变技术的人类来说，完全不是问题。核聚变电站将负责海卫一上所有的能量供给。

人类已经在木星和土星建成巨大的工业基地，两颗冰巨星没有什么特殊资源可以反哺，它们的价值在于成为更远征途的前哨基地。所以，派到这里的人类会比土卫六少得多。

06 开发柯伊伯带

彗星来自哪里？

1950年，荷兰天文学家奥尔特提出假说，认为它们来自几万个天文单位以外的区域。第二年，美国天文学家柯伊伯也提出假说，认为它们主要来自几十个天文单位外的一片区域。

后来天文学家发现，这两个区域都存在。前者提供长周期彗星，被称为奥尔特云；后者出产短周期彗星，被称为柯伊伯带。

虽然理论上早就得到承认，但是直到1992年，人类才观察到第一个柯伊伯带天体，取名1992QB01。从那以后，人类相继发现了很多柯伊伯带天体，以前的冥王星降级后，也被归入其中。

柯伊伯带里有些大天体，比如"齐娜"，比冥王星个头还大。未来的人类技术也无法让它们转向，上面的资源带到内太阳系也得不偿失。所以，柯伊伯带里最重要的资源就是潜在的冰星。正常情况下，它们受到大行星引力扰动时，才会离开家乡，进入内太阳系。现在，人类可以主动开始这个过程。

这里的天体既不被称为小行星，也不被称为彗星，而是被称为"柯伊伯带天体"。与火星和木星之间那些小行星相比，柯伊伯带天体含水量更高，通常与岩石成分达到1∶1的比例，比谷神星的含水量还高，甚至接近彗星的含水量。同时，它们沿着长周期轨道绕太阳公转，与彗星轨道也有明显不同。

但是这种划分只有学术意义，从应用价值来讲，它们就是大型雪块，并且，很多柯伊伯带天体携带的有机质，都是人类可以利用的资源。

此时，人类已经在经常移动小行星，重定向技术的对象已经从几米、几十米，发展到几十公里，足够移动那些大型脏雪块。人类将制造出大型制动飞船，每艘长达百米，整体上就是一台核聚变发动机。几艘这样的飞船可以挟持一颗小型柯伊伯带天体，调整其轨道，让它们飞向内太阳系。剩下的路程，将由它们自己的惯性来完成。

要知道，即使是在1997年击中木星的苏梅克—列维彗星，分裂之前的彗核直径也不过5公里。当我们的后代到达柯伊伯带边缘时，移动这种规模的天体已经不是问题。

迁移这些柯伊伯带天体有什么用？最大的作用就是轰击火星。那里极度干旱，投掷的天体含水量越多越好，柯伊伯带天体最为适合。

通常情况下，彗星接近太阳两个天文单位时才会长出彗尾，而火星还在这个距离之内。未来在内太阳系生活的人类，会在夜空中看到这些人造彗星拖着长尾巴，然后消失在某处。由于轰击需要连续进行，可能一两个月就有一颗彗星炸弹被推进来，地球人会在很长时间看着彗星在天空列队前进。

至于那些冰少、岩石多、体积足够大的目标，则被推送到其他地方，成为太空城的原料。一颗直径几公里的岩石就能掏挖出几万人工作和居住的空间，何况还自带水源。它们有可能变成"火卫三""金卫一"或者"地卫五"，以及行星轨道之间的一系列中继站。

07 遥远的前哨站

接下来，拥有足够资源的人类，开始组队远征第九大行星！

第九大行星？冥王星不是被开除了吗？是的，如今它只是柯伊伯带里面一颗普通矮行星。我这里说的是真正的第九大行星，它可能是一个类地行星，有固体表面，但体积比地球大10倍！也有可能是一颗冰巨星。

即使冥王星不降级，天文学家也早就怀疑更远的地方仍然有一颗大行星。冥王星刚被发现时，天文学家推测它的直径达到1.5万公里，比地球还大，于是就称其为大行星。真实测量的结果却是比月球还小，以这样的小身板，不足以造成海王星那种轨道异常。

所以，20世纪就有天文学家怀疑，遥远的太阳系边缘还有一颗大行星，并且一定比冥王星大得多。当时，天文学家把它称为第十大行星。光是寻找"第十大行星"的科幻小说，我就读过不少篇。冥王星既然降了级，人们就不再寻找"第十大行星"，而是开始寻找"真正的第九大行星"。或者，干脆把它称为"行星X"。

现在，人类发现"行星X"存在的证据越来越多。

2016年，美国加州理工学院的布朗和巴特金便发表研究成果。他们观察到柯伊伯带中有6颗天体的运行轨道都有异常，并且，它们的轨道倾角和朝向太阳的角度都接近。一颗两颗还可以说是巧合，连续6颗都这样，巧合的概率只有1/14000。

所以，传说中的那颗大行星仍然在深空中等着人类。由于阳光照到那里实在过于暗淡，人们只能凭借这些天体所遭遇的引力干扰，推测它的形状。首先是质量会很大，达到地球的10倍！要知道，天王星的质量也只是地球的14.5倍。

可是问题来了，所有行星都产生于原始星云，而这些星云盘离太阳越近的地方越稠密，越远的地方越稀薄。在离太阳这么远的地方，没有足够物质可以形成这么大的天体。

其次，"行星X"正沿着奇怪的椭圆轨道绕太阳飞行，远日点达到1600亿公里，近日点不足320亿公里，一万多年才绕太阳一圈。

根据这两个疑点，天文学家推测它是一颗被太阳俘获的流浪行星。在遥远的过去，它产生于另外一个恒星系。由于恒星爆发成新星，周围的行星不是被摧毁，就是在星际间流浪。这个"行星X"因为路过太阳，由此成为它的养子。

人类之所以迟迟未观测到"行星X"，是因为目前这类观察基本在地面进行。人类不断走向深空，也会把观测点外移，最终，火星轨道附近布设的天文望远镜就能发现"行星X"。

虽然质量达到地球的10倍，它仍有可能是类地行星，并且内部还存在着地热，会导致地壳运动。人类到达那里，仍可以使用地热资源。

由于路途遥远，所以只有当航天器的速度达到每秒1000公里时，才有可能在一年内完成往返。这很可能在开发木星系时实现。随着其他技术的日臻成熟，届时，人类将向"行星X"派出大型考察队，乘坐直径1公里的巨型飞船，使用核聚变发动机，全副武装进行考察。

08　最后的边疆

寒冷、黑暗的奥尔特云，太阳系最后的边疆，直到这时，才可能迎来第一批人类的使者。

到今天，奥尔特云依旧是假说，它由荷兰天文学家奥尔特在1950年提出。奥尔特认为，太阳系边缘有个巨型冰库，个别冰块受引力作用飞向太阳，就形成彗星。

奥尔特云里既有原始星云演化后的残余材料，也有像"行星X"那样被俘获的流浪天体，只是除了它以外，个头都很小。有种推测认为，这里的天体最初也产生于太阳系内部，但是不断被大行星弹射出去。当它们运行到足够遥远的地方，附近一些恒星也产生引力。这让奥尔特云"鼓"起来，不像柯伊伯带那样大体还保持在黄道面上，而是呈球形包裹着太阳。

所以，从太阳系里任何一个地方向四面八方飞行，都会到达奥尔特云。不过，虽然称之为"云"，但其密度根本没那么大，奥尔特云里面所有天体的总质量，最多是地球的100倍，分布在如此广漠的空间，非常稀薄。

奥尔特云最近的地方也有0.03光年，最远处超过1光年。所以，飞船速度只有达到每秒几万公里，人类才能动一动远征此地的念头。脉冲飞船是实现这一速度的办法，这种飞船的推进装置是一个碟形反射罩，直径达到几公里，但是非常薄，这是为了减少质量，以把更多的动力传导给功能舱。

在反射罩的焦点上爆炸一颗微型氢弹，能源均匀地冲击整个罩体，就能推动反射罩前进。只要像心脏跳动那样不断爆炸微型氢弹，比如每半分钟一颗，形成脉冲推动，这个反射罩就能不断加速。释放到1万颗左右，速度便会达到每秒数万公里。

氢弹在这里又立了功。是的，未来的宇宙开发大事业中，氢弹必不可少。接近目标时，把这个反射罩调转180度，同样在它的焦点上引爆一颗颗微型氢弹，就能实现减速。

飞船所有的功能舱都安装在这个巨型反射罩后面，通过减震器，让脉冲推动变得柔和，保护里面的设备和人员。接近目标后，飞船收起反射罩，再靠其他传统推进方式接近目标。

奥尔特云里除了一堆"脏雪球"，没有其他资源。这次飞行的任务主要是考察跨星系飞行的各种现象。飞船速度达到每秒几万公里时，相对论效应已经很明显，飞船上的时钟开始变慢。如果宇航员完成航程后，能够到达奥尔特云，4.2光年外的比邻星就不再那么遥远。

人类并非在太阳系地图上搞开发，先完成一项才能开始下一项，所以，只要在木星系站稳脚跟，后面这些开发项目就可以齐头并进，互相促进。用柯伊伯带的彗星轰击火星，与在海卫一建立根据地或者远征第九大行星，有可能发生在同一时代。

09 飞向银河尽头

欧洲核子研究中心的"ATLAS"粒子探测器，是迄今为止人类制造的功率最大的科研仪器。开机一次的耗电量，相当于19世纪末全美国的发电量。

当太空经济远超地球经济之后，人均能源可能会达到今天的数十倍。可以一次集中相当于如今整个地球年发电量的能源，执行单一的科学考察或者工业开发任务。到那时，建造能够远征比邻星的光子飞船终于提上了日程。这种飞船可以把速度提高到每秒十几万公里，接近光速的一半，先前各种推进方案都不再起作用。

早在20世纪70年代，英国宇航学会就设计出一种恒星际飞行方案，被命名为"代达罗斯方案"。在它的推进装置里，一个个氢弹被激光束引爆，由磁约束形成向后的喷射流，能以每秒10万公里速度喷出来。几年后，飞船会达到1/6光速，足够到达另一个恒星。

不过，实施这个方案需要自备推进剂，总重5.5万吨，其中推进剂就占5万吨，驱动装置又占4000多吨，剩下的有效载荷才几百吨，和现在的国际空间站体量差不多。这么小的飞船也不可能载人，只能载仪器。

后来，人们又开始研讨光子飞船方案。光子飞船和太阳帆大同小异，其主体也是一道光帆，直径长达几公里。这个光帆的反射率越强越好，保证更多的光被反射回去，形成推力，而不是变成热能吸收。另外，它还要非常轻，以便把更多的推动力转移给有效载荷。

目前，石墨烯和铍都能满足这个要求。将来纳米技术更为发达，可

157

以在微观上改变物质结构，制造出反射率更好的材料。

推动反射罩的不再是动量极低的自然阳光，而是人造的激光。它将产生于直径1公里的巨型激光器，类似于"死星"上的大炮。它始终对准光帆，点亮之后，光帆的加速度极高，很快达到光速的1/4。飞到比邻星的半途中，再使用氢弹脉冲装置把速度降下来。这样一来，光子飞船只需要带减速的推进剂。

如此巨大的激光器，开机功率可能相当于今天人类所有电厂的发电总和。它不适合安装在地面上，由于太空是立体的，比邻星并不位于太阳黄道面，所以，激光器有可能安装在月球，或者任何一个无空气的天体表面，甚至完全可以建成人造行星，单独使用。

同时，这次任务也不只是发射一个飞行器，有可能陆续发射一组飞行器。当它们按照程序进入比邻星附近后，将形成一个考察阵列，执行不同的任务，并且彼此配合。

由于相隔达4光年，人类已经无法遥控它们，所以，每艘飞船都由人工智能控制，根据当前情况随机应变。有的飞船成为比邻星的行星，执行长时间观察；有的成为导航坐标，供未来的人类远征使用；有的飞往比邻星的行星，充当其卫星，并抛出着陆器降落观察。它们都有利用当地能源的方案，光能、化学能，不一而足。

抵近第一张比邻星拍摄的照片发送回来后，人类将不间断地获得那里的信息。

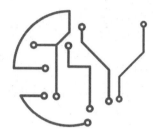

第十章　从地球人到宇宙人

开发太空，绝不仅仅是要改造物质世界。在这场征途当中，人类自己也会变化。我们的心胸，我们看待万物的视野，我们的文化、娱乐，甚至体育方式，都会不同于今天。500年后，我们的后代可能生在宇宙，长在太空。他们追忆今天时会怜悯我们的落后，就像我们看待500年前的古人。

为生成一代新人创造条件，让他们比我们更强大，更善良，更优雅，这才是宇宙开发的根本意义。

01 新新人类

从牵引小行星到在月球上建城市，从在金星云顶种粮食到在木星大气里采氢，你已经从这本书里看到了太多炫酷的新科技。然而，它们都没有下面这条重要——几十年内，人类将迎来在太空中出生的第一个婴儿。

失重对胎儿发育会有什么影响？这个问题很难在地面上研究。不过观察动物胚胎发育过程，会发现上端和下端发展出不同组织，科学家便推测，动物生殖细胞中携带有识别重力的基因。

然而，要在失重环境里研究这个问题，需要将动物胚胎发射上去，再进行回收。全球只有中美俄三个国家能做这个课题，其他国家只能在地面的微重力模拟器里进行。比如，日本就把小鼠生殖细胞送入微重力模拟器，发现能够成功受精，但是发育不良，植回母鼠体内后，出生的小鼠的发育水平也远低于正常水平。

鼠不仅是常用的实验动物，也和人类同为哺乳动物，所以，鼠经常被用来做这种实验。1996年，美国航天飞机就搭载49枚小鼠胚胎进入太空，结果无一发育。中国科学家在2006年用"实践八号"育种卫星搭载小鼠胚胎，实验也宣告失败。

2016年，"实践八号"实验的主持人段恩奎继续领导团队，使用"实践十号"进行这一实验，这次终于让胚胎发育出囊胚。由于"实践十号"只在太空中停留12天，他们等不到小鼠发育成熟，但这已经是人类第一次记录到哺乳动物胚胎可以在太空失重环境里成长。

人类在空间站中已经能停留400多天，不少女性科学家也登上了空间站，甚至有夫妇一起驻站的记录。到目前为止，还不敢用人体来进行这种危险实验。

把生育过程搬上太空，还要面临其他风险，科幻片《回到火星》就讲了这样一个故事。一名女宇航员和同伴们飞向火星，出发后才知道自己怀了孕，可又不能返航，只好在火星上生孩子，结果死于难产。很多乡村卫生院都能解决这个问题，但火星上缺医少药，所以在火星上生孩子还是件危险的事情。

另外，至少几十年内，人类还谈不上在太空中搭建生活环境，只能先搭建科研和生产环境。婴儿即使在太空中出生，也得返回地面生活。但是展望更远的将来，肯定会实现人工重力，人类胚胎会在那种环境里一直成熟到分娩。

在那些宇宙城市里，终究会有一批孩子生于太空，长于太空，成为宇宙居民。他们将是全新的人类，第一代宇宙人，他们会有自己的生活方式。最初登上太空的几千到一万个人，肯定都是科技精英，他们组成社区后，会把自己的生活习惯延续下去。

宇宙人可能比我们更有合作精神。国际空间站的宇航员要在岩洞里做几天适应训练，没有隐私，所以必须互相帮助，以便在狭小的空间站里坚持上百天。个性太强，不能合作的人会被淘汰。

太空科幻片爱描写宇宙杀手，星际海盗，可那不过是把地球社区直接搬进太空背景。有犯罪倾向的人早期很难进入太空，后期也会被全面监控，宇宙社区的犯罪率会非常小。

02　地球印在身体上

在宇宙社区里，一个人可能生于金星，长于月球，很多时间穿梭在星海。然而，几亿年进化出来的基因不可能在几百年内发生变化，他们在身体上仍然带有地球的痕迹。

首先受影响的是生物节奏，以24小时为一天，365天为一年，这种节奏不会改变。然而，月球上一昼夜约29.53天，金星上一昼夜约117天。更不用说在星际之间，根本没有昼夜区别。

好在自从有了载人航天，就出现了时间生物学，用来指导宇航员调节生理节奏，人们在航天器上用人工方法制造昼夜。不过，像年、月、星期这样的划分，就只能硬性与地球统一，而不会按照当地天体的运行周期。全太阳系居民都会使用同样的历法，否则过不了几代，大家就难以交流了。

对重力的需求，是人类居住在太空的又一道难题。这个重力还不是泛泛的重力，必须是与地球表面相等的重力。没办法，谁叫我们就是从这里进化出来的呢。宇航员只在飞船里待几天，返回后还能自己走出舱，空间站里返回的宇航员都得让人抬出来。

金星之所以是最佳移民点，一大优势便在于重力和地球差不多。相对于所有天体而言，更好的居所是太空城，它可以制造从失重到一个g的各种重力环境。

以轮状太空城为例，在"轮胎"内表面可以制造出一个g的重力环境。从那里朝着轮轴方向走，重力就越来越小，在轮轴中心会减少为零。如果是筒状太空城，内壁上是一个g，自转轴上就是失重环境。

要不要把太空城里面都搞成人工重力？不需要。在科幻片《极乐世界》中，太空城是富人们的乐园，而在现实中，人类把工业搬上太空，主要是利用失重条件。所以，工业设备将安置在太空城旋转轴的位置上，生活设施安置在四壁，工作人员仍然保持每天上下班的节奏，不断在四壁和轴心间交通。

人类呼吸的不仅是氧气，严格来说是空气，而不是纯氧。所以，太空城市不管建在哪里，内部最好调配出地表大气层成分的空气。美国于1973年发射的天空实验室里面按75%的氧气和25%的氮气来调配空气，其他空间站都参照地球大气中的比例。

人体并不直接吸收氮气，需要这么多氮，纯粹是我们习惯于在这种比例的大气中生活。而要在太空中按这个比例调配，不仅需要氧气，更需要大量氮气。

氧气在太空中不难找到，有冰就行，氮气可不容易找到。所以，金星和土卫六的价值就显现出来，从它们的大气层里分离出氮气，输送到其他地方，调配人工大气。

03 宇宙工程学

写这本书时我就在想，出版后它会被算在哪门学科当中？很可能会当作"宇航技术"的科普读物。其实并不是，宇航主要研究如何从太空的某处到另一处，现在，人类在太空中也只能做到航行。至于长时间待在某个地方，现在还只有小小的空间站。

这本书讲的内容可能要算作"宇宙工程学"。后代们会在地球之外接受教育，所学的基础科学知识会和地球上一样，但工程技术方面就大相径庭了。

时至今日，人类已经发展出完备的工程技术体系，但是前面要加个定语，叫作"地面工程技术"。所有这些技术都是在"地球表面"这个极特殊环境下开发出来的，其中一部分适用于其他天体的表面，另一部分要多加变通，才能适用于失重的太空环境。

地球上有空气，很多工业生产用空气对流来散热，这个条件在真空环境下不存在。同时，在缺乏水的地方，要有代替水的技术。比如在月面上就不能用水搅拌月壤形成混凝土，而是要用烧结法把它们固定成块。

在地球上，由于有氧气和水的存在，金属材料都需要防锈处理。一些金属燃点很低，比如镁，在地面上只能使用它的合金或者化合物。但在真空条件下，金属一冶炼出来就能使用，也会出现用镁制造的大型元件。

钠遇氧就燃烧，所以在地面上只能把它保存在有机物里面，但在真空环境里就不存在这个问题。由于钠的熔点只有97.72摄氏度，所以钠可以作为真空冶金过程的冷却剂，这种用途在地面上完全不存在。

再比如大家熟悉的锂电池，容易爆炸，而且锂的储藏少。相反，到处可见的钠和锂性质差不多，理论上也可以制作钠电池。但是钠的比重大于锂，在电解液里不容易活动，所以在地面上迟迟无法普及钠电池。但是在失重环境下，这个缺点就不复存在了。

土木工程的重点就是对付地球引力，让建筑物不倒塌，很多设计都围绕这个目标展开。但如果我们建造太空城，这些设计就失去了意义，它们不需要承重墙，而是需要考虑如何让整体结构更好地传动。

如果是在月球、火星上修建筑，也只需要承受1/6或者1/3的地球重力，可以大大减少支撑物，扩展活动空间。

又比如，至少100年内，太空中的人造空间都比较缺乏。像地面这样铺设几千平方米的厂房，准备很长的流水线，不适合于太空环境。所以，太空工厂内部空间都面临着如何重新规划的问题。

地球人进步到宇宙人，意味着在太空建起一个全新工业体系，所需技术可能有一万种或者几千种，覆盖人类科技的方方面面。所以，无论你在学习哪门专业，都要想想它在各种太空环境里怎么应用。

几代人后，宇宙出生的孩子们都会学习这些看似稀奇古怪的知识。不过，在他们看来十分现实。

04 欢乐满天涯

文化体育和娱乐，未来的宇宙人也不会少，只是不大可能延续地面上的节目。

在今天，99.99%的小说和影视都以地球为背景，但如果你从小就在太空里长大，再看这样的故事，会不会缺少代入感？如果一个人在火星上长大，在太空城里谈恋爱，在金星上结婚生育，那么，他也更愿意看在这些背景下书写的故事。

是的，未来的艺术家首先要创作太空故事。并且，它们不是科幻小说和科幻片，而是未来的现实主义小说。

画家也是一样，如果他们描绘田园生活，也是金星农场里的田园生活。不过，未来可能很少有还在纸或布上作画的画家，而是出现大批形象艺术家，用各种材质来制造形象。比如以月壤为材料，用3D打印技术建造雕像。或者在木卫二上以永冻的冰为原料，制造出能在太空中看到的"大地艺术"。

太空形象艺术家们可以操作成百上千架无人小飞船，在太空中编队构成画面，或者在太空城外面张起直径1公里的巨幕，让全城居民同看一部电影。由于有重力，这么大的幕不可能在地面上张开。

宇宙人也会发展他们的体育项目。比如太空行走，就是宇宙人的基本生活技能。人们经常步入太空作业，需要熟练地驾驭飞行背包。科幻片《安德的游戏》里就有一场太空竞技，学员们飘浮在金属网圈出的空间里练习失重格斗。

未来的宇宙奥运会极有可能在三维空间里进行，竞技空间由细网围住，保证内部和外部一样，但竞技者不会飘浮到外面去，竞技项目则有飞行竞速、姿态控制等。

科幻作家克拉克在一篇小说里，设想未来人类进行太阳帆比赛的情况。太阳帆靠太阳光压驱动，加速度非常小，但可以持续加速，在不使用推进剂的情况下，加速到每秒上百公里。在小说中，人们像地球上搞帆船赛一样，比赛对太阳帆的驾驭。不同的是，比赛场地至少有几千万公里。

与太阳帆类似的还有电帆技术。飞行器伸出很多电棒，携带正电，同样携带正电的太阳射线遇到后受到斥力弹开，把反作用力传导到飞船。这样形成的推力很微弱，但非常持久。并且，光压的衰减与距离的平方成反比，宇宙射线的衰减与距离的一次方成反比，所以从太阳系内部往外飞，推动力衰减要比光帆慢。未来更有可能成为一种小型飞行器，而电帆竞速也会成为重要的比赛。

在金星上，驾驶飞机成为传统技能。可能家家都要购买小型飞机，以便往返于功能各异的云城。飞机比赛也会和F1汽车大赛那样，在金星云顶上空展开。

甚至还可以想想太空宠物。当水、空气和能量极大丰富后，宇宙人不再挑三拣四，可以把各种地面上的动植物都带入太空，也包括一直陪伴我们的汪星人和喵星人。

05　太阳系的旅行家

旅游是文化娱乐活动中耗资较大的项目，生活在太空中的人们，乘坐着每秒数百公里的航天器，周游于各个天体之间。他们会把太阳系中的奇景开发成旅游目的地。下面这些地方估计会成为著名景点。

回眸地球

这个景观就是在月球上遥望地球。1968年12月24日，"阿波罗8号"载着3名宇航员进行绕月飞行实验。当他们从月球背面绕回来时，一名宇航员给地球拍摄了照片。蓝色的地球悬在画面上半部分，灰色的月面横亘在画面下半部分。

这是人类第一次从这个位置拍摄地球照片。后来，有12个人站在月面上领略了这道风景。以后，这将是太阳系离地球最近的风景区。人们会在遥望中感受地球的脆弱，坚定走向宇宙的步伐。

月球岩洞

2007年日本发射的"辉月姬号"飞船，在月球赤道附近的马吕斯丘陵拍摄下第一个月球岩洞洞口照片。从那时起，人们用电脑识别月球照片，又找到200多个洞口。洞口最小的有5米宽，最大的有900米宽！类似地球上的天坑。它们是远古时代月球熔岩活动的遗迹。

除了像原始人那样在这些洞穴入口附近建房之外，深处将开辟成旅游区。在那里，有鸟巢般大小的巨型空间。由于地形原因，它们不适合搞工业开发，而是会开辟成生活区。强力灯光照亮整个空间，或者在顶端打出各种图案。

水星日辉

置身水星的夜晚，会看到太阳发出的带电粒子从地平线升起，在天空交汇。水星就像放在火焰上炙烤一般。不过，水星夜晚只有零下160摄氏度，游客只能待在房子里观看这道美景。

金星云海

地球上叫"云海"的景观很多，但没有哪一处能与金星云海相比。在60公里的云城上空往下看，金星云海毫无缝隙，气象万千。偶尔有硫酸云柱升起来，进入更高的空中，成为云层里竖起的高塔。并且，金星云层十分耀眼，很可能必须戴墨镜才能欣赏。

奥林匹斯火山

这是火星上的奇观，太阳系里已知最大的山峰，比珠穆朗玛峰高3倍！它并不险峻，而是扁扁的锥形山，面积相当于意大利。它已经没有熔岩活动，火山口深达3公里，面积更是有数千平方公里。最好的观景点应该设在火山口中央，便于游客仰望这一奇观。

木星奇观

站在木星的卫星上眺望它，感受太阳系副舵主的威严。这个景色你已经在科幻片《阿凡达》里面看到过，潘多拉星球的母星就是以木星为原型设计的。电影《流浪地球》更是反复渲染木星的雄浑壮丽。一两百年后，我们的后代会在木星的卫星上眺望它。

穿越星环

土星戴草帽，这是儿童都知道的天文常识。不过，著名的土星环只有几米厚，一艘飞船完全可以贴近它，然后安全地穿越。这个场景，你可以在科幻片《星际探索》中看到。布拉德皮特饰演的主人公跳出飞船，仅靠火箭背包，只身从海王星的行星环中穿越。土星环和海王星的行星环成分类似，厚度也差不多。将来，它既是当地人的采冰点，也是一个娱乐场。

太阳系里值得开发的美景还有数百上千处，在这些地方长大的后代，会有我们无法相比的胸怀。

06 宇宙考古学

当人类开发小行星时，常驻太空的人可能只有一百多名。

当人类建设月球工厂时，常驻太空的大致有千把号人。

当人类进入金星大气时，太空人口会增加到一万名。

太空城普遍建成后，宇宙人的总数会超过十万。

木星家园奠基后，一百万人在太阳系各处忙碌地工作着。

第一艘恒星际飞船踏上征途，可能要在几个世纪以后了。届时，至少有一亿人会出生在地球之外，成为宇宙民族。他们将开创太空考古学，以这种方式追溯祖先们进入太空的历史。

太空考古学会找到并保存地外天体上的遗迹。阿姆斯特朗在月球上踩出的脚印肯定是第一个目标。后人会找到它，并在上面建立起登月历史博物馆。人们还会寻找"月球二号"的撞击坑，它在1959年9月12日撞击月面，成为第一个到达其他天体的人造物体，还有"月球9号"的着陆舱，它在1966年成为第一个着陆于其他天体的飞行器。

金星表面的探测器已经成为灰烬，但火星表面会残存着探测器的残骸。从1964年的"水手四号"开始，人类在红色星球表面已经留下了不少遗迹。甚至科幻片中也不乏这样的情节，后来的宇航员依靠前人留下的探测器求生。

将来，这些探测器会在原位保存下来，供后人凭吊。或者，它们会被收集到一处展览，而在降落点建立纪念碑。

2015年，美国的"信使号"完成水星考察任务后，撞向水星表面，在那里留下了一个微型环形山。这是到目前为止，水星上唯一的人类遗迹。当然，将来这样的遗迹会越来越多，并成为后代的纪念地。

除了其他天体上的遗迹，太空考古学还会找寻那些早年的航天器，把它们送入博物馆。其中包括"月球一号"，它在1959年1月4日掠过月球后，进入太阳轨道，成为人类第一个人造行星，以450天的周期围绕太阳公转，直到被考古学家找到。

1977年9月5日发射的"旅行者一号"，现在已经飞到200多亿公里外。它长期靠着一台同位素发电机工作，不过到2025年，电源不足以支持任何仪器，它将在宇宙中安静地飞行。未来某一天，太空考古学家会驾驶着每秒数百公里的飞船把它找回来，陈列在某个宇宙纪念馆里面。

至于它上面携带的那些与外星人沟通的信息，星际飞船会代劳，以现在的速度，它到达奥尔特云都需要上万年。

07　宇宙人的后花园

《天堂的喷泉》是克拉克创作的科幻名著，作者设想了"天梯"这种廉价发射技术。我在前面并没有介绍，是觉得它在经济上完全不可行。人类会更多地使用太空资源来开发太空。

但是，这部小说结尾处的描写，我却觉得有可能实现。克拉克写到，天梯建成后，大部分人类都通过这种廉价技术进入太空，地面上只剩下很少的人。由于人类不再挤占自然资源，地球重新变绿，成为太空人类的后花园。

发现新家园，告别旧家园，这种事情在人类历史上屡见不鲜。在人类的发源地东非，现在只有2亿人生存，剩下70多亿都分散到新家园。

移民美洲的欧洲白人，主要来自西班牙、葡萄牙和英国。现在美洲有7亿多人，这三个国家原住民加起来只有1亿出头。当然，并不是说老家的人大部分都移民出来，而是新的疆域养活了更多的人。

工业革命后，农民纷纷离土离乡，成为工人，进而成为市民。当一个国家的市民还少于农民时，它的工业产值就已经超过农业，也吸引更多的人进入城市。最终，发达国家有九成左右的人口生活在城市，而200年前正好相反。

将来在太空中发生的事与此类似。最初一段时间，太空生活非常艰难。然而，我们第一批走出非洲的祖先也是如此。据记载，美洲最早的欧洲移民经常会在一年内死亡几分之一，甚至全部。相比之下，征服太空还没那么恐怖。

只要打破太空工业的瓶颈，资源优势就会尽显无疑。反映到收入上，在太空工作明显要超过在地面工作。更多的年轻人，有知识的人进入宇宙，他们会把家搬过去，后代也出生在那里。

当火星和金星改造完毕后，人类主体可能会移民太空，散布星海。地面上的矿山大部分都会关闭，绿树重新覆盖大地，甚至连农田都会减少很多。

从自然伦理上讲，地球是人类与各种生物的共同家园，而太空并不是。在地球上搞开发，无论大地还是海洋，总会影响某些生物的生存环境。在完全无生命的宇宙空间里搞开发，就不存在这个伦理包袱。

在遥远的将来，地球会成为宇宙人的后花园。天上的后代们会来这里旅游观光，学习历史，缅怀先人征服太空的业绩。但他们不大会留下来工作，剩下那些地球居民的人均资源占有量明显比他们少得多。反映到价格上，就是在地球工作收入低。当宇宙人已经习惯遨游天体时，地球人买张轨道旅行票还要花很多积蓄。

08 太空开发共同体

开发太空，是人类继学会直立行走后最伟大的创举，后者使类人猿变成人类，前者则使人类变成宇宙人。

从20世纪50年代启动航天事业，到人类能在太空城里生产第一种产品，估计需要八九十年。这段时间在历史长河，绝对算不上漫长。几百年后，宇宙时代的人类看待我们，就犹如我们在回望中世纪。

他们会站在几亿公里外的定居点上，让孩子从群星中辨认地球。并且告诉他们，在那个小光点上，人们曾经为一点点资源争个你死我活。

然而，太空事业的很多前期投入毫无收益可言。至少要发射几千吨到一万吨物资，才能在太空中形成初步生产能力。可能要几十年到一个世纪之久，太空社会才能自给自足。

谁来开启这个伟大时代？最有可能的就是各国政府组成国际宇航共同体。人类宇航事业的家底来自几个大国，至少一个世纪内，也只有政府才能动员足够力量，打造航天事业的基础。而上述每项事业，一个国家都无法承担。所以，各国政府能在太空中合作，是头一个选项。

国际空间站是目前政府间合作的典范。它在1993年筹划，1998年建站。如今已经运行了20多年，还将运行8年左右。在此期间，共有16个国家参与此项工程。

然而，毕竟是政府间的合作项目，而不是联合国主导的项目。长达30多年时间的项目运行过程中，会受政局变化的影响。国际空间站以美俄两国为基础，1993年苏联刚解体，两国还处于蜜月期，宇航专家们更是有合作的期待。在冷战中，他们就完成过多次太空对接，共同进行科学实验。

然而十几年后，情况发生了变化，特别是俄乌交恶事件，严重影响了美俄在空间站的合作。到现在，小小的国际空间站都有明显的界限。美俄两国的舱室技术标准不同，人员也不在一起吃饭。美国航天飞机退役后，所有乘员都只能搭乘俄国飞船入站。受政局影响，俄国曾经威胁不搭载美国人。

和30年前不同的是，中国已经成为宇航大国，而很多发展中国家，比如印尼或者埃塞俄比亚，都已经实际参与到太空项目中来。有钱的海湾国家甚至向火星发射了探测器。更多的玩家入场，会重写太空开发合作的篇章。

未来，可能会出现几十个国家参与的太空开发共同体，其中有很多现在还不认识的新面孔。他们都有资源可以提供进来，并且分享其中的收益。人类太空事业不再维系于美俄两个国家，并受他们之间关系的影响。

09　太空企业家

在著名太空科幻系列片《星际迷航》中，主角们穿越星海时，所乘坐的飞船名为"enterprise号"。这个单词也是一艘美国航母和一架航天飞机的名称。在中文里，它有时被翻译成"企业号"，有时被翻译成"进取号"或者"奋进号"。

办企业就是在商海中冒险，所以，这两个翻译都算正确。所谓"企业家精神"，冒险是其本质。而在太空事业中，企业家也正成为重要力量。

太空时代之初，一方面发射技术复杂，场地建设费用昂贵，私人企业承担不了，另一方面，各大国对私人航天都有管制。理论上讲，几十万元就能制造一枚V2式火箭，很容易成为恐怖袭击手段，所以，发射长期以来由国家管控。

21世纪初，美国向民营企业开放了太空发射权限，从此培养起一大批民营航天企业。微软创办人之一保罗、亚马逊创办人贝索斯等人都在打造民间航天企业，在廉价航天上进行尝试。他们还取得了不少技术进步，比如用飞机发射卫星，或者无人航天飞机。

科技狂人马斯克创办的SpaceX更是出尽风头，他一手完成了回收火箭的壮举。维珍公司则专注于太空旅游，不断提升亚轨道飞行器的功能。

如今，美国加利福尼亚的莫哈维沙漠成了下一个硅谷，大量小型航天企业在那里创业。欧洲航天实力较弱，但是民间爱好者发射小火箭、小卫星之类的事情也是层出不穷。

除了亲自操刀，还有一些企业家以设置奖金的形式，促成某个单项航天科研目标的实现。"安萨里X大奖"就是著名的航天奖项。它设立于1996年5月，金额为1000万美元，要求获奖者能够用航天器将3名乘客送出100公里外的卡门线，并且安全返回，还要在两周内使用同一架飞行器重复做一次载人飞行。

这项大奖的目标，就是鼓励研制廉价发射系统，并且，设置者指明该奖项只授予民间公司，以鼓励全民参与航天的热情。

2007年，谷歌公司设置了"月球X大奖"，如果有人将航天器登陆月球，开动至少500米，还能向地球传回照片和视频以资证明，就能获得这个奖。至于奖金，从开始的2000万美元涨到3000万美元，不过，这个奖限定只颁发给民间企业，而不是各国航天局。

2014年，中国也向民间开放了太空发射许可证，并在那之前就允许民营公司参与卫星的制造和运营。几年来，中国已经培养出一批小型航天私营企业。

2018年5月17日，重庆零壹空间航天科技有限公司发射了中国第一枚民营火箭。2020年11月7日，北京星河动力装备科技有限公司将"谷神星一号"运载火箭发射入轨，并搭载了"天启星座十一星"。这也是中国第一颗由民营火箭送往太空的卫星。

最近，开发小行星成为又一个投资热点。每次中国科幻大会上，都有人来宣讲开发小行星的前景。国际上进入这一行的风险投资，2016年就达到31亿美元，这已经超过美国"小行星重定向任务"的费用。

中国民营航天企业不太会像马斯克那样炒作，但吸纳的投资并不少，上述企业都已经达到数亿元，接近SpaceX的第一笔风投。

10　　中国新使命

如果国际太空共同体无法成立，私人力量又有限制，那么，中国可能是太空事业的最好推手。

2017年，中国工业迈过一个台阶，产值超过美日两国的总和，不是半世纪前的美国和日本，而是今天的美国和日本。按照目前的发展趋势，只要不出现重大天灾人祸，中国工业总产值将发展到美、日和西欧的总和！甚至如金灿荣说的那样，以后就工业而论，全球只有两个国家，一个是中国，一个是外国，中国工业会达到全球工业的一半。

这个成绩如果只让你想到中国人的伟大，境界未免不高。既然中国已经打造出有史以来最庞大的工业体系，也应该承担更大的责任，比如单枪匹马启动太空大开发，这就是我对中国的期许。

太空是人类共同的家园，在法理上任何国家都不能单独占有它。但是想当年，美国人通过阿波罗飞船拿回几百公斤月岩，并没有任何人置疑他们对这些石头的所有权。对于没有技术储备的国家来说，太空和他们不存在实质关系。

未来，中国并不需要申明占领太空中任何地方，只需要将发射量提高到全球九成以上，铺一条太空之路，站在门口收钱就行。

太空活动成本太高？那可能是人们的老印象。前几年，万达将部分资产转售顺驰，创造了100亿美元的天价。中国每年航天经费是多少？2018年只有58亿美元！

房地产不算高科技行业，可以看看中国跑在最前面的网络公司。阿里巴巴在2019年营收3768.44亿元，腾讯营收3772.89亿元，相当于乌拉圭的年产值。可惜，他们没有保罗和贝索斯这些IT同行的太空野心。

技术没有到达顶尖？是的，航天技术里面很多关键领域都不是由中国人发明的，但这并没有什么。家电、手机、汽车、高铁也都不是中国人发明的，但都在这片土地上做到了全球最大，太空开发也没有什么不一样。

既然已经有了全球最完整的工业生产链条，从光伏、电炉冶金、廉价发射到组装太空城，大部分工程需要中国人都可以自行解决，关键是要看决心。

遥想1793年，马尔嘎尼带领英国使团访华，当时，瓦特发明蒸汽机已经过去了17年，如果清廷能知道这件事，并且理解它的意义，在中国土地上引进之、推广之、改进之，历史将会完全不一样。

过去的已经过去，可喜的是，中国有可能在2030年建成月球基地，于2050年前发射第一座太空电站，开始进入这个行业的前列，并且，中国已经向全球发出邀请，希望各国共同实施这些太空计划。

很有可能在不远的将来，中国政府和民营企业会共同努力，后来居上，成为人类太空开发的引领者。这一天属于中国，当然，更属于今天中国的青少年学生。

中国太空事业很年轻，从航天科技的工程师，到民营公司的技术人员，平均年龄不到30岁，机遇正摆在青少年学生面前，希望你们尽快地把握。

微信扫码领取【科普小贴士】

未来社会展 ｜ 科幻作品馆
职业排行榜 ｜ 笔记小论坛